高等学校实验实训规划教材

材料成形实验技术

胡灶福　李胜祗　主编

北　京
冶金工业出版社
2017

内 容 提 要

本书为高等学校材料成形与控制专业教材,内容分为基本技能应用训练实验和综合设计性实验两部分。基本技能应用训练实验部分涵盖了测试技术、塑性加工金属学、塑性加工力学、轧制原理、轧钢机械设备、冲压、挤压、材料成形过程控制等课程内容,目的是让学生掌握本专业常用科学仪器的基本原理及正确使用方法,能熟练运用测试技术和计算机技术,熟悉本专业的基本实验技能和技巧。综合设计性实验部分则着重于综合应用测试手段和实验技能及计算机知识,在控制轧制、工艺建模、工模具设计和过程仿真与数值模拟等方面提供实践的机会,以提高学生综合运用所学知识去分析问题和解决问题的能力。

本书也可供其他专业师生和有关的工程技术人员参考。

图书在版编目(CIP)数据

材料成形实验技术/胡灶福,李胜祗主编 . —北京:冶金工业
出版社,2007.4 (2017.7重印)
(高等学校实验实训规划教材)
ISBN 978-7-5024-4240-8

Ⅰ. 材… Ⅱ.①胡… ②李… Ⅲ. 工程材料—成型—实验
—高等学校—教材 Ⅳ. TB3-33

中国版本图书馆 CIP 数据核字(2007)第 041326 号

出 版 人 谭学余
地 址 北京市东城区嵩祝院北巷 39 号 邮编 100009 电话 (010)64027926
网 址 www.cnmip.com.cn 电子信箱 yjcbs@ cnmip.com.cn
责任编辑 宋 良 赵亚敏 美术编辑 彭子赫 版面设计 张 青
责任校对 卿文春 李文彦 责任印制 李玉山
ISBN 978-7-5024-4240-8
冶金工业出版社出版发行;各地新华书店经销;三河市双峰印刷装订有限公司印刷
2007 年 4 月第 1 版,2017 年 7 月第 3 次印刷
787mm×1092mm 1/16;7.5印张;197 千字;112 页
28.00 元
冶金工业出版社 投稿电话 (010)64027932 投稿信箱 tougao@cnmip.com.cn
冶金工业出版社营销中心 电话 (010)64044283 传真 (010)64027893
冶金书店 地址 北京市东四西大街 46 号(100010) 电话 (010)65289081(兼传真)
冶金工业出版社天猫旗舰店 yjgycbs.tmall.com
(本书如有印装质量问题,本社营销中心负责退换)

前　言

　　实验教学的目的，主要是培养和训练学生，使其具备从事科技工作所必需的基本实验能力和创造性实验能力。基本实验能力表现在掌握本专业常用科学仪器的基本原理及正确使用方法，能熟练运用测试技术和计算机技术，熟悉本专业的基本实验技能和技巧。创造性实验能力表现在综合运用所学知识去分析问题和解决问题，以及进行新知识探索等方面。

　　本书是安徽工业大学众多教师多年教学实践的结晶，经过多年来的不断实践、探索和总结，在原有讲义的基础上，做了删减、补充，逐步形成了目前体系。

　　在编写过程中，我们力求根据能力结构的层次和人们的认识规律，把传授知识与培养能力紧密结合起来，贯穿于实验教学的整个过程；将专业教学实验分为基本技能应用训练实验和综合设计性实验，合理配置这两类实验的比例，使其符合学生由浅入深、由表及里的认识规律，达到培养学生分析解决工程实际问题能力的目的。

　　本书由胡灶福、李胜祗主编，参加编写工作的还有黄贞益、钱健清、曹杰、曹燕、尹元德和郑光文等，研究生徐洁等也参与了部分工作。

　　限于编者水平和实验条件，对于书中的不足之处，诚请读者批评指正。

编　者
2006 年 12 月

目　录

上篇　基本技能应用训练实验

实验1　计量光栅法测量位移

一、实验目的

深入理解莫尔条纹现象，掌握利用莫尔条纹测量位移的原理。

二、实验原理

两块具有相同栅距的光栅叠合在一起，它们的刻线之间保持一个很小的夹角 θ，在刻线重合处形成亮带，在刻线错开处形成暗带，如图1-1所示。

设 a 为刻线宽度，b 为同一光栅两条刻线之间的缝宽，则栅距

$$W = a + b$$

栅距 W 也称为光栅常数。当

$$a = b = \frac{W}{2}$$

时，暗带是全黑的。条纹的宽度 B 与栅距 W 及倾角 θ 之间有如下关系：

$$B = \frac{W}{\theta}$$

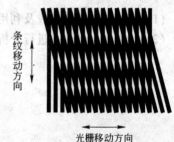

图1-1　莫尔条纹形成原理示意图

由于 θ 角很小，莫尔条纹近似与两块光栅都垂直，称为横向莫尔条纹。对横向莫尔条纹，有如下结论：

（1）当光栅沿垂直方向移动时，横向莫尔条纹将沿平行刻线方向移动。

（2）当光栅移动一个栅距 W 时，横向莫尔条纹也随之移动一个条纹宽度 B。

在测量位移时，主光栅与运动物体连在一起，随之运动。主光栅大小与测量范围一致。指示光栅固定不动，为很小的一块。在主光栅外侧加电光源和光电元件，当光栅随运动物体移动时，产生的莫尔条纹也随之移动，光电元件接受到的光强将随莫尔条纹的移动而变化。光电元件把这种光强的变化转换成电信号，当光栅移动一个栅距 W 时，相应莫尔条纹移动一个宽度 B，则电信号变化一个周期。因此，只要记录信号波形变化的周期数 N，就可知道光栅位移量 X，即

$$X = N \cdot W$$

三、实验设备、工具和材料

（1）光栅2块，反射镜1块。

(2) 滑轨和位移调节控制装置1套。

(3) 光电反射式传感器1个。

(4) 电子计数器1台。

四、实验方法和步骤

(1) 调校电子计数器，对照自校表数据校正。

(2) 选定测量时间。

(3) 将测量旋钮旋转到测频。

(4) 连接光电反射传感器与电子计数器。

(5) 将指示光栅和反射镜固定。注意光栅和镜片要垂直于传感器出射光线。

(6) 打开光电传感器电源，使光电反射传感器光源聚焦对准指示光栅和反射镜。注意从反射镜片反射过来的光线要能够准确反射到传感器的视窗内。

(7) 移动主光栅，记录在规定时间内的周期数。

(8) 根据所记录周期数计算在规定时间内的位移。

(9) 反复多次测量和计算，求得均值。

五、实验报告要求

(1) 简述莫尔条纹形成及利用其测量位移的原理。

(2) 计算测量结果并进行分析。

实验2　非接触式温度测量及校正

一、实验目的

深入理解热辐射测温的原理，掌握利用光电高温计测量温度及校正的方法。

二、实验原理

非接触式测温是利用物体的热辐射特性与温度之间的对应关系，进行非接触式测量物体的温度。目前辐射式仪表都是以黑体为对象刻度的，所以在测一般物体的温度时，必须用该物体的辐射系数（也称辐射率）加以校正。

热辐射测温有全辐射法、亮度法和比色法。全辐射法是测出物体在整个波长范围内的辐射能量，以辐射率 ε 校正后确定物体温度。如全辐射高温计。亮度法是测出物体在某波段 $\lambda + d\lambda$ 上的单色辐射强度 E_λ，以单色辐射率 ε_λ 校正后确定物体温度。如光学高温计和光电高温计。比色法是测量两个波段 $\lambda_1 + d\lambda_1$ 和 $\lambda_2 + d\lambda_2$ 的单色辐射强度的比值 $E_{\lambda 1}/E_{\lambda 2}$，以单色辐射率 $\varepsilon_{\lambda 1}$ 和 $\varepsilon_{\lambda 2}$ 校正后确定物体温度。如光电比色高温计。

已知光学高温计采用的是亮度法，即测出物体在某一波段 $\lambda + d\lambda$ 上的单色辐射强度 E_λ，以单色辐射率 ε_λ 校正后确定物体温度。任何物体其单色辐射强度与温度的关系，可用维恩公式表示：

$$E_\lambda = \varepsilon_\lambda c_1 \cdot \lambda^{-5} \cdot e^{\frac{-c_2}{\lambda T}}$$

式中，c_1 和 c_2 为常数；λ 为辐射波长；T 为物体表面温度。对绝对黑体 $\varepsilon_\lambda = 1$，光学高温计就是以绝对黑体刻度的。但被测物体往往是非黑体，即 $0 < \varepsilon_\lambda < 1$，所以实际测量时，必须以被测物体的单色辐射率 ε_λ 修正由光学高温计测得的亮度温度，才能求得被测物体的真实温度。

实验所用光学高温计是采用亮度均衡法进行温度测量的。也就是使被测物体成像于高温计灯泡的灯丝平面上，通过光学系统在一定波段（$0.65\mu m$）范围内比较灯丝与被测物体的表面亮度，调节滑移线电阻，使灯丝的亮度与被测物体的亮度相均衡。此时灯丝轮廓就隐灭于被测物体的影像中，并可由仪表指示值直接读取被测物体的亮度温度。

三、实验设备、工具和材料

（1）电炉一个。

（2）光学高温计一台。

四、实验方法和步骤

（1）检查光学高温计指示窗指针是否指零，如不指零，则旋转零位调节器调零。

（2）拨动目镜部分的转动片，将红色滤光片移入视场，按下电源按钮，旋转滑移电阻盘使灯丝发红，前后调节目镜到灯丝清晰可见为止。

（3）瞄准被测物体，前后调节物镜内筒，使被测物体的像清晰可见。

（4）旋转滑线电阻盘，使流经灯丝的电流均匀地增大。调节灯丝亮度，当灯丝顶部的像被隐灭在被测物体的像中时，读取刻度盘上指示值。为了获取正确的读数，应该逐渐调节高温计灯泡灯丝的电流，先自低而高，再自高而低。每次调整到灯丝隐灭时，读出温度系数，然后取两次读数平均值作为最终读数。如图 2-1 所示。

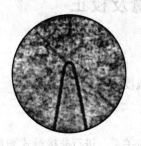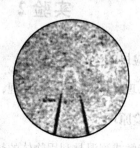

图 2-1　调节亮度时灯丝隐灭情况

（5）温度修正方法：

1）从表 2-1 中查出被测对象的单色辐射率 ε_λ。

表 2-1　有效波长 $\lambda = 0.66\mu m$ 时各种金属材料的单色辐射率（$\varepsilon_{0.65\mu}$）

材料名称	表面无氧化层		有氧化层 光滑表面	材料名称	表面无氧化层		有氧化层 光滑表面
	固 态	液 态			固 态	液 态	
铝			0.22 ~ 0.4	90% Ni，10% Cr	0.35		0.87
银	0.07	0.07		80% Ni，20% Cr	0.35		0.90
钢	0.35	0.37	0.8	镍铝合金 95% Ni,Al,Mn,Si	0.37		
铸 铁	0.37	0.4	0.7				
铜	0.1	0.15	0.6 ~ 0.8	瓷 器			0.25 ~ 0.50
康 铜	0.35		0.84	石墨（粉状）	0.95		
镍	0.36	0.37	0.85 ~ 0.96	炭	0.80 ~ 0.93		
镍铬合金							

2）由高温计的读数 S，从图 2-2 的横坐标中查出其对应位置。

3）从图 2-2 的纵坐标中查出对应于 S 及该种物体的单色辐射率 ε_λ 的温度修正值 Δt。

4）由修正公式计算其真实温度：

$$真实温度 = 光学高温计读数\ S + 温度修正值\ \Delta t$$

五、实验报告要求

（1）简述光学高温计测温的原理。

（2）计算测量结果并进行分析。

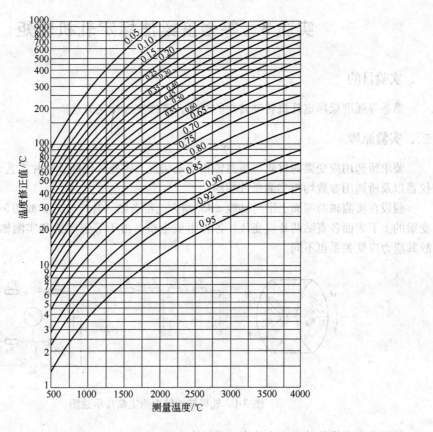

图 2-2 光学高温计读数修正曲线

实验 3　等强度梁法标定轧机转矩

一、实验目的

熟悉等强度梁标定轧机转轴转矩的原理，掌握实际标定方法。

二、实验原理

要求所选用应变梁的材质与被测轴相同或相近，应变片性能、贴片工艺、组桥方法、测量仪器以及所选用参数均与实测条件相同。

假设在实测轴两端面上沿与轴线 ±45°角方向都各贴一片应变片，如图 3-1 所示，另外，应变梁的上下表面各直贴两片应变片，各自组成全桥。由于等强度梁和实测轴的应力状态不同，故其应力应变关系也不同。

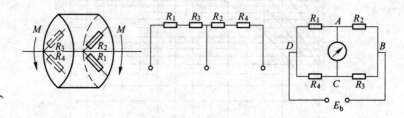

图 3-1　轧机转轴转矩测定贴片示意图

等强度应变梁是单向应力状态，其线应变为

$$\varepsilon = \frac{\sigma}{E}$$

而实测轴是平面应力状态，其应变为

$$\varepsilon_{45°} = (1 + \mu)\frac{\sigma_{45°}}{E}$$

当应变梁与实测轴的测试条件、输出值相同时，则表示两者产生的应变相同，即

$$\varepsilon = \varepsilon_{45°}$$

于是得到应变梁上的正应力与实测轴上正应力之间的关系：

$$\sigma = (1 + \mu)\sigma_{45°}$$

而实测轴上切应力

$$\tau = \sigma_{45°} = \frac{\sigma}{(1 + \mu)}$$

此式说明，在同样变形数值（输出值相同）下，应变梁上的正应力是实测轴上的正应力的 $(1 + \mu)$ 倍。当应变梁宽为 B，贴片处厚为 H，承受载荷为 P，加载点至应变片的距离为 L 时，应变梁上正应力为

$$\sigma = \frac{M_{\mathrm{L}}}{W} = \frac{PL}{\frac{1}{6}BH^2} = \frac{6PL}{BH^2}$$

将以上各关系式代入实心圆轴扭矩计算公式,可得

$$M_{\mathrm{z}} = 0.2D^3 \frac{\sigma}{1+\mu} = 0.2D^3 \frac{6LP}{(1+\mu)BH^2} = 0.2D^3 \frac{6L}{(1+\mu)BH^2}KU$$

式中　　D——转轴贴片处直径;

　　　　K——标定曲线的斜率;

　　　　U——计算机采集系统输出电压值。

三、实验设备、工具和材料

（1）等强度应变梁、标准加载块。

（2）动态电阻应变仪、计算机数据采集系统。

（3）万用表、惠斯顿电桥、兆欧表、电吹风、烙铁、镊子。

（4）应变片、502 快干胶、电线、砂纸、酒精。

四、实验方法和步骤

（1）清理应变梁表面,用砂纸打光,用药棉沾酒精清洗,用电吹风烘干备用。

（2）用惠斯顿电桥分拣应变片,选出阻值相同或相差不超过 0.1Ω 的应变片备用。

（3）在应变梁的上下表面与应变梁轴线平行方向各贴两片应变片,见图 3-2。

（4）待 15min 胶水固化后,如图 3-2 所示组成全桥。

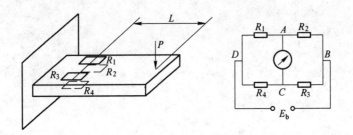

图 3-2　应变梁贴片与组桥示意图

（5）连接应变仪和计算机采集系统,通电预热 10min。

（6）将应变梁电桥接到应变仪电桥盒,注意应按说明书全桥接法。

（7）使用电阻、电容平衡调节旋钮将应变仪预调平衡,再打到测量挡,重新调节各衰减挡次达到平衡。

（8）打开计算机,进入采集系统界面。

（9）给应变梁逐次加载,记录加载重量,同时使用计算机采集系统采集数据。

（10）给应变梁逐次减载,记录减载重量,采集数据。

（11）计算各次加减载对应的电压值,记录在表 3-1 中。

表 3-1　实验数据记录

加、减载序号	荷 重	电压值	衰减挡次	加、减载序号	荷 重	电压值	衰减挡次
1				1			
2				2			
3				3			
4				4			
5				5			

五、实验报告要求

（1）记录实验过程中所用仪器选定的参数和实验数据。

（2）依据标定数据，绘出标定曲线。

（3）观察实验数据，对于可能的异常数据进行分析。

实验 4 光电反射法测定轧机转速

一、实验目的

熟悉光电反射转速仪的工作原理，掌握实际测定轧机转速的方法。

二、实验原理

转速与频率有共同的量纲（T^{-1}），所以可用测频率的方法来测转速。采用电子计数式频率计，配上光电反射式转速传感器，即构成光电反射转速仪。

光电反射式转速传感器的原理如图 4-1 所示。由于被测轴上反光面和非反光面的反射光强度差别很大，故在光敏元件上产生明电流和暗电流，输出脉冲信号，每转脉冲信号数等于反光面数。

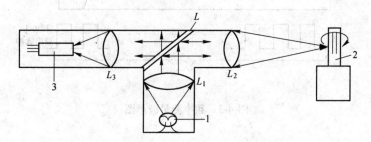

图 4-1 光电反射式转速传感器的原理图

1—光源；2—被测轴；3—光敏管；L_1、L_2、L_3—透镜；L—半透明平面镜

转速传感器输出的电脉冲数 N 为

$$N = \frac{znt}{60}$$

式中，z 为轧机轴每转脉冲数；n 为轧机转速；t 为测量时间。若 $zt = 60$，则转速传感器输出的脉冲数即为待测转速。

电子计数式频率计的频率测量过程实质上就是在标准时间内，如实地记录电信号变化的周波数。标准时间是由石英晶体振荡器通过分频器得来的。频率测量工作原理如图 4-2 所示。当

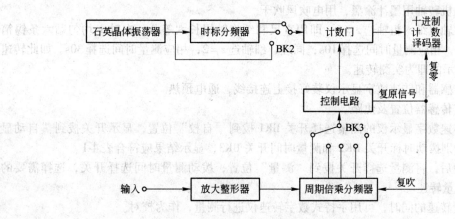

图 4-2 频率测量工作原理

仪器的测量选择开关 BK1 位于测频时，被测信号（正弦波、三角波、矩形波）从输入端输入，经过放大整形，形成前沿陡峭的矩形脉冲，作用在计数门的输入端。另外由石英振荡器而来的标准频率经过时标分频器得出的标准时间脉冲信号（分别为 0.1s、1s、2s、3s、6s、10s、20s、30s、60s）通过测量时间开关 BK3 的选择，进入控制器，通过控制电路的适当编码逻辑，得到相应的控制指令用以控制计数门，从而选通被测信号所发出的矩形波，进入十进制计数电路进行计数和显示。其波形图如图 4-3 所示。

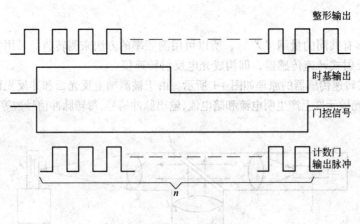

整形输出

时基输出

门控信号

计数门输出脉冲

n

图 4-3　频率测量波形图

计数电路所显示的数，就是我们所需测的频率，若 $zt=60$，也即为待测转速 n。若 $zt=6$，则计数电路显示的数即为 $\dfrac{1}{10}$ 待测转速。

三、实验仪器、工具和材料

（1）光电传感器、转速数字显示仪、轧机。

（2）手持数字式转速表、电吹风、直尺。

（3）墨汁、锡箔纸、胶水、毛笔、纸。

四、实验方法和步骤

（1）将轧机转轴用墨汁涂黑，用电吹风吹干。

（2）视转轴粗细，粗轴选 $z=6$，即用直尺和纸将轴周长六等分，在轴上均匀贴六条锡箔纸作为反光面，相应测量时间选择 10s；同理，细轴选 $z=2$，相应测量时间选择 30s。如此转速数字显示仪显示的即为实测转速。

（3）将传感器和转速数字显示仪装好接上连接线，通电预热。

（4）调节传感器位置及焦距。

（5）将转速数字显示仪的测量选择开关 BK1 拨到"自校"位置，显示开关拨到"自动显示"方式，分别拨动时标开关 BK2 和测量时间开关 BK3，显示结果应符合表 4-1。

（6）自检后，将测量选择开关拨到"测量"位置，拨动测量时间选择开关，选择需要的测量时间，测量转速。

（7）测量转速的同时，可用手持式数字转速仪进行测量，作为校对。

表 4-1　测量结果

测量时间/s	0.1	1	2	3	6	10	20	30	60
时间/ms	显示数/kHz								
0.01	10	100	200	300	600	0	0	0	0
0.1	1	10	20	30	60	100	200	300	600
1	0.1	1	2	3	6	10	20	30	60

五、实验报告要求

（1）简述非接触式测量转速与接触式测量转速的利弊和应用场合。

（2）给出两种转速测量方法的原理、结果及分析。

实验5　计算机数据采集系统集成

一、实验目的

通过实际操作，使学生熟悉计算机数据采集系统的软硬件组成和实际数据采集系统的集成过程与方法，初步掌握 GENIE 的使用。

二、实验原理

（一）计算机数据采集系统

计算机数据采集是把对象（过程）的有关参数（如温度、压力、流量和转角等），通过输入通道，把模拟量变成数字量（也可直接输入数字量）送给计算机处理。计算机数据采集系统的基本构成如图 5-1 所示。

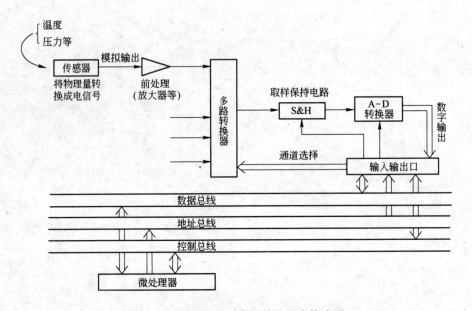

图 5-1　计算机数据采集系统的基本构成图

本实验所用数据采集卡为 PCL-812PG，模拟信号输入为 5V 以下直流电压。信号通过端子板接入采集卡。

采集软件系统采用过程控制与数据采集系统 GENIE 软件包，由用户制定策略并实时运行。

（二）控制与数据采集系统 GENIE 简介

GENIE 在 WINDOWS 环境下运行，是一个功能全面，应用灵活，适用于各种自动化应用的数据采集和控制软件包，由用户设计制定实时自动化控制策略，实现系统监视和动态控制。在策略编辑器中提供了工业标准数学模型库和控制功能库，该功能库使用图标模块表示，用户只需将图标模块在策略编辑器中进行排列、连接，然后绘制动态显示图即可。软件通过 WIN-DOWS 的 DLL 动态连接库直接支持 I/O 硬件设备。

创建一个过程控制/采集策略的典型过程包括以下几个步骤：

（1）使用鼠标在策略编辑器的工具箱中选出并排列必要的图标模块。策略编辑器是一个基于图标的设计环境，设计时使用工具箱建立控制或采集所需的图标模块，并可进行配置和察看。

（2）使用工具箱中的连接线将各个模块连接起来以完成所需的控制/采集策略。

（3）在屏幕上双击每个图标模块从而对模块参数进行配置。

（4）进入显示编辑器设置每个显示选项。在策略编辑器中双击显示模块即可激活显示编辑器。显示编辑器用于创建控制或采集的显示操作面板，在策略运行时提供动态显示画面。用户可以创建类似于测试设备或工业过程显示的面板。

GENIE 运行软件模块利用 WINDOWS 提供的多任务操作环境，把操作面板上的显示组件与预先制定的策略逻辑流程连接起来，实时运行用户的策略，从硬件 I/O 设备输入采集数据，对数据进行记录、图表显示、重放和处理。

三、实验仪器、工具和材料

（1）直流电压电源。

（2）计算机，采集卡，端子板，打印机。

（3）GENIE 和 ORIGIN 应用软件包。

四、实验方法和步骤

（一）硬件集成

（1）连接计算机、端子板，检查其连线。

（2）检查直流电压电源，应在 5V 以下。

（3）采集卡 I/O 口地址设定（220—22F）：

SW1:	0	0	0	1	0	×
	A8	A7	A6	A5	A4	A3

（4）采集卡等待状态选择：

SW1:	0	0	0
	A2	A1	A0

（5）采集卡 DMA 通道选择（No DMA）：

JP6   JP7

1   3   ×   1   3   ×

○   ○   ┌○   ○   ○   ┌○

○   ○   └○   ○   ○   └○

（6）采集卡触发源选择（Inter pacer trigger）：

JP1

INT   ┌○

TRG   └○

EXT   ○

（7）计数器时钟选择（Internal 2MHz clock）：

JP2

INT

CLK

EXT

（8）中断优先级选择（No interrupt）：

JP5

| 2 | 3 | 4 | 5 | 6 | 7 | × |

（9）A/D 转换最大电压输入范围（A/D convert maximum input range is ±5V）：

JP9

10   5   0

采集卡结构及各跳线位置见图 5-2 所示。

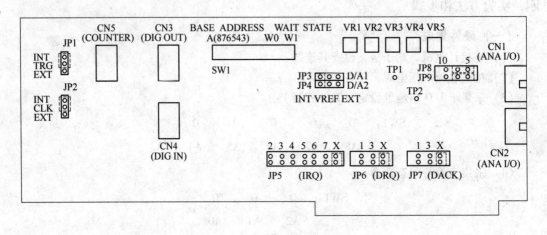

图 5-2　采集卡结构示意图

（二）软件集成

要求：

（1）有模拟量输入模块（AI）。

（2）有数据文件输入记录模块。

（3）时间输入模块。

（4）显示部分有模拟量的数据和图形显示以及时间显示。

（5）数据文件记录的电压采集数据要能够输入到 ORIGIN 处理，并画出图形。

（三）实验步骤

（1）开计算机，进入 WINDOWS 环境，点击 GENIE 图标，进入 GENIE 软件包，再点击策略编辑器图标，进入策略编辑器。

（2）规划策略的构成，调出所需模块编辑策略，双击各策略模块图标，设定其参数。

（3）双击显示模块图标，进入显示编辑器，规划各种显示方式的构成，调出所需显示模块，编辑显示，双击各显示方式图标，设定其参数。

（4）试运行策略，对有错误的策略模块设定进行修改。

（5）点击 GENIE 运行模块图标，接入直流电压输入，进入数据检测。

（6）检测完毕，检测的数据将自动存入数据文件。

（7）退出 GENIE，调用 ORIGIN 数据处理软件包，对检测到的数据进行处理和打印输出。

五、实验报告要求

（1）简述计算机数据采集系统的集成步骤。

（2）画出直流电压数据采集策略构成图。

（3）给出采集数据及经过 ORIGIN 处理的数据图表。

实验 6　板材性能对冲裁质量的影响

一、实验目的

（1）进一步深入理解冲裁变形的三个过程，对毛刺的形成有感性认识。

（2）定性了解板材性能对冲裁质量的影响。

二、实验原理

冲裁的变形过程见图 6-1。在具有尖锐刃口及间隙合理的凸、凹模作用下，材料的变形过程可分为受压缩塑性变形、剪切及断裂分离三个阶段。

（一）压缩塑性变形过程

冲裁开始时，凸模接触材料，将材料压入凹模洞口。在凸、凹模的压力作用下，材料表面受到挤压产生塑性变形。由于凸、凹模之间存在间隙，使材料同时受到弯曲和拉伸作用，凸模下的材料产生弯曲，凹模上的材料向上翘曲。

（二）剪切过程

材料在凸、凹模刃口附近，由于受到压力而产生剪切应力，因而产生剪切变形。在凸模的继续作用下，压力增加，材料内部应力达屈服条件，剪切变形区开始宏观的滑移变形，此时凸模开始挤入材料，并将下部材料挤入凹模中。此时位于刃尖部分的材料应力集中效应最大，处于高的压应力状态，而刃口附近材料的圆角进一步加大，内部产生的拉应力和弯矩继续增加。随着凸模压挤入材料的深度增大，变形区晶粒破碎和细化，使材料产生冷作硬化，所需的冲裁力不断增加。当材料不能承受更大变形时，在刃口附近的材料，由于拉应力作用首先产生裂纹。由于刃尖部分的静水压应力较高，因而裂纹起点就不在刃尖，而是在模具侧面距刃尖很近的地方。因此，在裂纹产生的同时也形成了毛刺。

（三）断裂分离过程

凸模再继续压入，刃口附近产生的上下裂纹逐渐发展。如间隙合理，则两裂纹相遇而重合，导致材料完全断裂而分离。

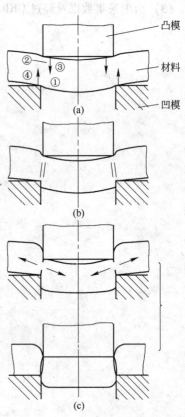

图 6-1　冲裁变形过程
（a）受压缩塑性变形；
（b）剪切；（c）断裂分离

对于塑性较好的材料，冲裁时裂纹出现得较迟，因而材料被剪切的深度较大。所得断面光亮面所占的比例大，圆角大，弯曲大，断裂面较窄，毛刺小。而塑性较差的材料，裂纹出现得较早，因而材料被剪切的深度较小。所得断面光亮面所占的比例小，圆角小，弯曲小，断裂面较宽。

三、实验设备与材料

（1）液压冲压机一台。

（2）冲裁模具一套。

（3）铅、铝、钢板各三块。

四、实验方法与步骤

（1）将上、下模具分别安装在液压冲压机上，调整好限位开关位置。

（2）在冲裁模具安装好检查无误后，合上电源开关，接通电源，启动油泵。

（3）将选择钮分别调到冲裁和调制位置。

（4）同时按下冲床操作盘两边的工作键。

（5）将板料放入模具中。

（6）按下滑块下行按钮，完成冲裁工作。

（7）按下滑块回程按钮，取出板料，在放大镜下观察分析断面和毛刺情况。

五、实验数据表格

表 6-1 实验数据记录

材 料	厚 度	光亮面厚度			断裂面厚度	

六、实验报告要求

（1）画出冲裁后各种板料断面的状况。

（2）分析三种材料冲裁后断面的状况，光亮面、断裂面和圆角各自所占比例。

（3）分析产生以上现象及毛刺形成的原因。

（4）分析在冲裁各种材料时，应注意的问题。

实验7　板材的厚度和性能对弯曲回弹的影响

一、实验目的

（1）理解板材的弯曲回弹，对回弹的形成有感性认识。

（2）了解板材性能对回弹的影响。

二、实验原理

塑性弯曲和所有塑性变形一样，伴有弹性变形。当变形结束时，工件不受外力作用，由于中性层附近纯弹性变形以及内、外总变形中弹性变形部分的恢复，使弯曲件的弯曲中心角和弯曲半径变得与模具的尺寸不一致，这种现象称为弯曲件的回弹。

由于板材弯曲时内、外区纵向应力方向不一致，因而弹性恢复时方向也相反，即外区缩短而内区伸长。这种反向的弹性恢复大大加剧了工件形状和尺寸的改变，因而使弯曲件的几何公差等级超标，常成为弯曲件生产中不易解决的一个特殊性问题。

回弹是在塑性弯曲和卸载过程中产生的。若弯曲件在外加弯矩的作用下，产生线性纯塑性弯曲，其应力如图7-1所示。当外弯矩去除发生回弹时，根据平衡原则假设内部的抵抗弯矩的大小和塑性弯矩相等，方向相反，故在内、外区纵向的卸载应力与加载时板料内应力的方向相反。此时工件所受合成力矩为零，相当于工件经过弯曲变形从模具中取出后的自由状态。外加力矩与弹性弯矩所引起的合成应力，便是卸载后工件在自由状态下断面内的残余应力，见图7-2。同理，可以得出有硬化时线性纯塑性弯曲卸载后工件在自由状态下断面内的残余应力。

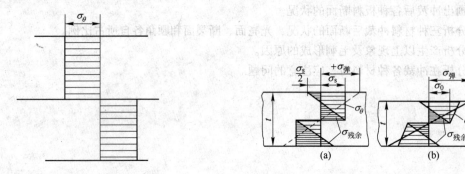

图 7-1　没有硬化的弹-塑性弯曲

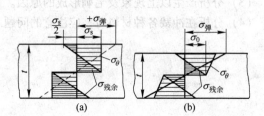

图 7-2　塑性弯曲卸载过程的应力合成
（a）无硬化情况；（b）有硬化情况

板料的弹性模数越小，屈服极限和抗拉强度与变形抗力有关的数值越大，则回弹也越大，由下式可以说明：

$$R = \frac{1}{\dfrac{1}{R_0} + 3 \times \dfrac{\sigma_s}{E \cdot t}}$$

$$\Delta\varphi = (180 - \varphi_0)\left(\frac{R_0}{R} - 1\right)$$

三、实验设备与材料

（1）液压冲压机一台。

（2）弯曲模具一套。

（3）铅、铝、钢板各三块。

四、实验方法与步骤

（1）将弯曲上下模分别安装在液压冲压机上，调整好限位开关位置。

（2）在弯曲模安装好检查无误后，合上电源开关，接通电源，启动油泵。

（3）将选择钮分别调到压制和调制位置。

（4）同时按下冲床操作盘两边的工作键。

（5）将板料放入弯曲模中。

（6）按下滑块下行按钮，完成弯曲工作。

（7）按下滑块回程按钮，取出板料。

（8）观察分析弯曲后材料情况，计算回弹量。

五、实验数据表格

表 7-1　实验数据记录

材　料	厚　度	回　弹　值	

六、实验报告要求

（1）计算出弯曲后各种板料的回弹量，写出测量和计算的方法。

（2）分析材料的性能对弯曲回弹的影响。

实验8　板料基本性能检测实验

一、实验目的

（1）掌握测定试样的屈服点 σ_s、抗拉强度 σ_b、屈强比 σ_s/σ_b、均匀伸长率 δ_u、硬化指数 n 以及各向异性系数 r 的方法。

（2）能够绘制拉伸曲线和名义应力拉伸曲线。

（3）掌握 n 和 r 值的计算编程。

二、实验原理

材料的拉伸曲线如图 8-1 所示。

利用板材的单向拉伸试验可以得到许多与板材冲压性能密切相关的试验值：

（1）屈服点

$$\sigma_s = \frac{P_s}{F_0}$$

（2）抗拉强度

$$\sigma_b = \frac{P_{max}}{F_0}$$

（3）屈强比

$$\frac{\sigma_s}{\sigma_b}$$

（4）均匀伸长率

$$\delta_u = \frac{\Delta L_u}{L_0}$$

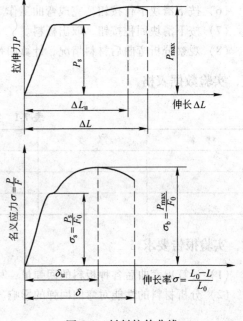

图 8-1　材料拉伸曲线

（5）硬化指数 n。两点法：计算出拉伸过程中某两点的真实应力 σ 与应变 ε，则可利用公式 $\sigma = K\varepsilon^n$，计算出硬化指数 n 与变形抗力 K 的数值。

（6）各向异性系数

$$r = \frac{\varepsilon_b}{\varepsilon_t} = \frac{\ln \dfrac{b}{b_0}}{\ln \dfrac{t}{t_0}}$$

板厚方向性系数 r 是在拉伸过程中板材试样的宽度应变 ε_b 与厚度应变 ε_t 的比值。r 值大时，表明板材在厚度方向上的变形比较困难，比板材平面方向上的变形小，在伸长类成形中，板材的变薄量小，有利于这类冲压成形。但试验与理论分析都证明，当板材的 r 值较大时，它的拉深性能也好，板材的极限拉深系数 M_c 更小。

三、实验设备与材料

（1）试样是从待试验的板材上截取，按 GB2975 标准加工，拉伸试验的试样长度按国标

GB228—87 确定，试样的宽度，根据原材料的厚度采用 10mm、15mm、20mm 和 30mm 四种，宽度尺寸偏差不宜大于 0.02mm，如图 8-2 所示。

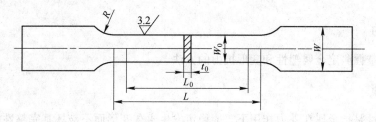

图 8-2　拉伸试样图

（2）拉力试验机。

（3）游标卡尺和 X—Y 函数记录仪。

四、实验方法与步骤

（1）原始尺寸测量：测量板宽 W_0，确定标距。

（2）根据试样的负荷和变形水平，相应地设定试验机的量程范围。

（3）快速（一般小于 50mm/min）调节上下夹头的距离，安装试样并保持上下对中。

（4）设定加载速度（一般小于 2mm/min）开机加载观察试验现象。

（5）在拉伸过程中，停机三次测量板宽、标距并记录拉力。

（6）继续拉伸，试样断裂后，停机，卸下试样，观察断口形貌。

（7）计算机编程计算 r 和 n 值。

五、实验数据表格

表 8-1　实验数据记录

状　　态	厚　　度	长　　度	宽　　度	拉　　力

六、实验报告要求

（1）说明试验过程包括拉伸速度情况、停机次数和时间、试样形状、尺寸、试样断口形状、试样是否均匀变形。

（2）画出拉伸曲线。

（3）计算常规力学性能指标。

（4）编程计算 r 和 n 值，附程序。

（5）全面评价所测板材的成形性能。

实验9　金属塑性和变形抗力的测定

一、实验目的

通过实验掌握测定金属塑性和变形抗力的方法。

二、实验原理

金属的塑性是指金属在外力作用下，能稳定发生永久变形而不破坏其完整性的能力。金属的塑性不仅受金属内在的化学成分和组织结构的影响，也与外在的变形条件有密切的关系。为了正确选择变形温度、速度条件和最大变形量，必须测定金属在不同变形条件下的极限变形量——塑性指标。

由于变形力学条件对金属的塑性有很大影响，所以目前还没有某种实验方法可以测出可表示金属在所有压力加工方式下的塑性指标。每种实验方法测定的塑性指标，仅能表示金属在该变形过程中所具有的塑性。

测定金属塑性的方法，最常用的有力学性能实验方法（如拉伸、扭转和冲击弯曲等）和模拟实验法（如镦粗、楔形轧制等）。

（一）伸长率的测定

选取长试样，标距长度 $l_0 = 11.3\sqrt{F_0}$（F_0 为试样的原始截面积）。伸长率是表示材料在静力拉伸情况下的塑性变形能力。常用试样断裂后的长度 l_h 和原始标距长度 l_0 之差，除以 l_0 的百分数来表示，即

$$\delta = \frac{l_h - l_0}{l_0} \times 100\%$$

（二）变形抗力 $\sigma_{0.2}$ 的测定

对于无明显屈服点的材料，在静力拉伸时，常把 $\sigma_{0.2}$ 作为变形抗力指标。$\sigma_{0.2}$ 为试样计算长度部分产生 0.2% 的塑性变形时的负荷 $P_{0.2}$，除以试样的原始横截面积 F_0，即

$$\sigma_{0.2} = \frac{P_{0.2}}{F_0}$$

本实验采用图解法来测定 $\sigma_{0.2}$，依据实验时所绘制的 P-Δl 曲线来确定。首先将弹性变形的直线部分 oa 交 Δl 轴于 o 点。取 oc 等于 $0.2\% l_0$，过 c 点作 $cb /\!/ oa$，该直线与拉伸曲线交于 b，则 b 点所对应的载荷即为 $P_{0.2}$，见图9-1。将此值除以 F_0，即得到 $\sigma_{0.2}$。

（三）变形抗力 K 值的测定

在平面变形压缩时，压缩方向的应力通常称为平面变形抗力，用 K 来表示。K 值是计算塑性加工力能参数的数据。测定装置如图9-2所示。其中 $L =$（2~4）h，$b > 5L$。

当压缩时接触面充分润滑且 L/b 较小时，则可认为变形过程是平面变形状态，而纵向应力 $\sigma_1 = 0$，压缩方向应力 $\sigma_3 < 0$。根据塑性变形条件有

$$\sigma_1 - \sigma_3 = -\sigma_3 = \frac{2\sigma_s}{\sqrt{3}} = 1.115\sigma_s = K$$

此时所测得的平均单位压力 $\bar{p}$ 即为平面变形抗力 K 值。实际上，即使润滑良好，还是存在

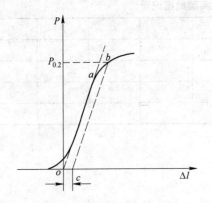

图9-1 图解法确定变形抗力

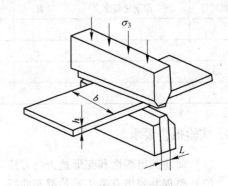

图9-2 平面变形压缩装置

轻微摩擦，所以应对上面的K值加以修正。即

$$K = \frac{\bar{p}}{\mathrm{e}^{\frac{fl}{h}} - 1} \times \frac{fl}{h}$$

式中，f为摩擦系数。考虑轻微摩擦时，$f = 0.02 \sim 0.04$。

三、实验设备和材料

（1）材料试验机。

（2）刻线打点机。

（3）平面变形压缩装置。

（4）千分尺、游标卡尺。

（5）铝及其合金标准试样各一个，$100\,\mathrm{mm} \times 40\,\mathrm{mm} \times 5\,\mathrm{mm}$铝试样4块。

四、实验方法和步骤

（1）用卡尺和千分尺测定好标准试样尺寸，并标好计算长度。

（2）在刻线打点机上将标准试样计算长度分距划线。

（3）准备好材料试验机，将记录纸和笔装好备用（将笔抬起，等试样装好后再将笔落下）。

（4）夹好标准试样，进行拉伸实验，注意分段加载，并记录载荷值。

（5）根据拉伸曲线计算出相应试样的$\sigma_{0.2}$及伸长率δ，填入表9-1内。

（6）取$100\,\mathrm{mm} \times 40\,\mathrm{mm} \times 5\,\mathrm{mm}$铝试样4块，预先加工硬化程度分别为5%、10%、20%、40%。测其厚度H，表面涂石墨粉润滑，以5%左右的变形程度分别进行压缩，测压后厚度h，计算累计变形程度$\varepsilon = \ln(H/h)$，记录变形终了载荷$\bar{p}$和接触面积F，填入表9-2内。

五、实验数据表格

表9-1 伸长率及变形抗力$\sigma_{0.2}$测定实验数据记录

试样号	材质	l_0	l_h	δ	F_0	$P_{0.2}$	$\sigma_{0.2}$
1	铝						
2	铝合金						

表 9-2　平面变形抗力 K 值测定实验数据记录

试样号	预硬化程度	H	h	ε	$\overline{p}$	K	F	f
1								
2								
3								
4								

六、实验报告要求

（1）简述测定塑性和变形抗力的方法。

（2）整理并列出有关实验数据和曲线。

（3）根据试样实验数据和曲线计算出相应试样的塑性和变形抗力值。

（4）绘出 $K\text{-}\varepsilon$ 关系曲线。

实验 10　轧制时不均匀变形及变形金属滑移线观测

一、实验目的

（1）明确均匀变形和不均匀变形的概念，了解哪些原因会引起不均匀变形，从而总结出减轻不均匀变形的措施。

（2）观察变形金属中滑移线的形态，并从位错运动角度进行深入分析。

二、实验原理

（一）轧制时的不均匀变形

物体在沿高度和宽度两个方向上的变形都是均匀的，称为均匀变形，否则就是不均匀变形。即均匀变形必须满足：变形前相互平行的直线和平面，在变形后仍然保持平行，且任意方向的线应变在物体内的任一点均为常数。

均匀变形的一些前提条件，如变形金属物理状态均匀且各向同性，整个物体任何瞬间承受同等变形量，接触表面无外摩擦等，是难以完全实现的。因此在金属加工过程中，变形不均匀分布是客观存在的。它对实现加工过程和产品质量有着重大影响。引起变形和应力不均匀分布的主要原因有：接触面上的外摩擦，变形区的几何因素，沿宽度方向压缩程度的不均匀，变形物体的外端、变形物体内温度的不均匀以及变形金属的性质等。

物体不均匀变形时，因其内部各层变形的分布受到物体整体性限制，从而引起各层相互平衡的应力，称为附加应力。如用中部凸起的轧辊轧制矩形件，则轧件边缘部分变形较小，中间部分变形程度较大。因为轧件是一整体，虽然各部分压下量不同，但由于其整体性将迫使纵向延伸趋于相等。所以，中间部分将给边缘部分施加拉力，使其延伸增加；而边缘部分将给中间部分施加压力，使纵向延伸减少。从而产生相互平衡的附加内应力。

轧制时的不均匀变形既与轧辊工作表面形状、轧件断面形状有关，也与被轧金属塑性性质如轧件化学成分不均、沿轧制断面温度分布不均等因素有关。实际观察到的轧制时不均匀变形现象，往往是几种因素综合作用的结果。

（二）变形金属滑移线观察

晶体的滑移变形是由位错的移动而产生的，晶体的滑移过程是位错移动和增殖的过程。

变形金属中晶粒内部的滑移线形貌，反映了不同位错运动的方式。金属在塑性变形的开始阶段，晶粒内部仅有一个滑移系，此时在试样的抛光表面上，就可以观察到许多平行的滑移线。这是单系滑移造成的结果。

当变形继续增加，就会产生几个滑移系同时开动，发生多系滑移。此时在抛光的试样表面上所看到的滑移线就不是一组平行的滑移线，而是两组或多组交叉的滑移线。

当变形量继续增大，某一滑移面上位错运动受到阻碍时，就可能离开原来的滑移面而产生交滑移。此时试样的抛光表面上的滑移线就不是平直的，而是一条弯曲的折线。

三、实验设备、工具和材料

（1）实验轧机，万能材料实验机，金相显微镜。

（2）千分尺、游标卡尺等。

（3）铅试样 5 块，铝试样 1 块，抛光后的不同变形程度的铝试样数块。

四、实验方法与步骤

（1）轧机准备，上油、擦辊。

（2）取铅试样 3 块，尺寸分别为 0.5mm × 38mm × 100mm，0.5mm × 46mm × 100mm，0.5mm × 54mm × 100mm，将试样两边沿纵向对称向中间折叠，折叠后试样宽度为 30mm。调整轧机辊缝至 0.4mm，依次轧制准备好的三个试样，观察轧后试样形状并记录。

（3）取铅试样一块，尺寸为 0.5mm × 60mm × 100mm，将其折叠成中间厚两边薄（横截面为 S 形）的形状，将辊缝调至 0.8mm，轧一道。观察轧后形状，并记录。

（4）取铅试样 1mm × 70mm × 140mm，铝试样 0.2mm × 20mm × 70mm，将铝试样包裹在铅试样中间折叠好，轧机辊缝调为 0.4mm。轧一道后剥开铅试样，观察铅片和铝片的不同形状。

（5）金相显微镜准备。

（6）取抛光后的铝试样在金相显微镜下进行观察比较，将不同变形程度下的滑移线的形貌仔细记录下来。

五、实验报告要求

（1）记录实验现象，画出轧制前后轧件形状图。

（2）叙述实验现象的形成过程，分析讨论产生的原因。

（3）说明你认为可以减轻不均匀变形的方法及措施。

（4）记录不同变形程度下的滑移线形状，并进行分析。

实验 11　接触面上的外摩擦对变形及应力分布的影响

一、实验目的

了解工具和变形体接触面间存在摩擦时，变形体内部不均匀变形及应力的分布状况。

二、实验原理

金属受压时，在变形力 P 的作用下，金属坯料受到压缩使其高度减小而横断面积增加。由于接触表面存在摩擦力，造成表面附近金属流动困难，而使圆柱形试样变为鼓形。从对由 n 个尺寸相同的圆片叠加组成的圆柱体试样进行压缩的结果可以看出（见图 11-1），变形前厚度相同、外轮廓线平行的圆片，变形后侧面产生挠曲，在接触表面附近挠度最大，随离开接触表面的距离增大挠度逐渐减小，并且在水平对称面挠度为零。在此种情况下，可将变形金属整个体积大致分为三个区域：由于在接触表面下区域（1）的变形很小，故通常称为难变形区，在中部区域（2）内的变形最显著，称为易变形区，而变形程度居中的（3）区则称为自由变形区。

金属塑性变形时变形物体内变形的不均匀分布，不但能使物体外形歪扭和内部组织不均匀，而且还使变形体内应力分布也不均匀。如图 11-2 所示，由于不均匀变形的结果，在 Ⅰ 区和 Ⅲ 区内产生附加应力。特别在 Ⅲ 区，由于附加应力作用的结果，使其应力状态发生了改变，环向（切向）出现了拉应力，并且越靠近外层越大，而径向压应力减弱，并且越靠近外层径向压应力越小。压缩试样有时在侧表面出现纵向裂纹，这就是环向拉应力作用的结果。

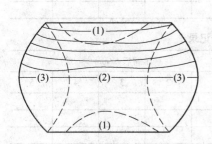

图 11-1　组合圆柱体压缩时外摩擦
对变形分布的影响

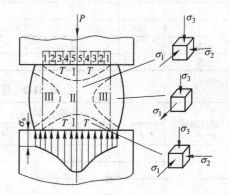

图 11-2　组合圆柱体压缩时外摩擦
对应力分布的影响

由于外摩擦的影响，也使接触面上的应力分布不均，沿试样边缘的应力等于金属的屈服点，由边缘向中心部分，应力逐渐升高。

接触面上的应力之所以有这样的分布规律可做如下解释（见图 11-2）：当最外层的层 1 受到外加压力后产生变形，由于摩擦力的影响，使其移动受到了阻碍，从而层 1 对层 2 产生了压力。因此，层 2 除受到外加压力外还受到层 1 变形带来的压力，显然层 2 比层 1 承受的压力要大。层 3 则处于更不利的情况。故从外层 1 到内层 5 应力将逐渐增加。

三、实验设备、工具和材料

（1）万能材料实验机。

（2）千分尺，游标卡尺，钢板尺，铁制圆规等。

（3）铅试样 ϕ40mm×5mm 6 块，ϕ40mm×30mm 1 块。

四、实验方法与步骤

（1）用铁制圆规在各试样任一面上画出间距为 5mm 的同心圆。

（2）记录压缩前试样尺寸 d 和 h，列于后面数据记录表 11-1 中。

（3）材料实验机准备。

（4）将各试样整齐叠起，放入两钢垫板中心。

（5）将试样放在材料实验机上以 $\Delta h = h/2$ 的变形量进行压缩。

（6）记录压缩后的试样尺寸 d 和 h，列于后面数据记录表 11-2 中。

（7）观察变形后各小圆片形状，并描绘出图形。

五、实验数据表格

表 11-1 压缩前试样测量数据记录

试样编号	压缩前 d/mm					压缩前 h/mm				
	1	2	3	4	5	1	2	3	4	5
1										
2										
3										
4										
5										
6										

表 11-2 压缩后试样测量数据记录

试样编号	压缩后 d/mm					压缩后 h/mm				
	1	2	3	4	5	1	2	3	4	5
1										
2										
3										
4										
5										
6										

六、实验报告要求

（1）记录测量压缩前后各试样 d/h 的值。

（2）描绘变形后各小圆片形状的图形。

（3）分析试样各部分变形量的大小和原因。

（4）画出试样中心剖面网格歪扭图及难变形区。

实验 12　摩擦和变形区几何参数对接触面形态的影响

一、实验目的

（1）在摩擦系数及变形区几何参数变化的条件下，测定滑动区和粘着区的大小。

（2）观察摩擦及变形区几何参数对接触表面积变化的影响和由此产生的现象。

二、实验原理

（一）摩擦系数和变形区几何参数对滑动区和粘着区大小的影响

在塑性变形过程中，接触表面金属质点相对于工具表面有径向滑动的区域，称为滑动区；没有径向滑动的区域，称为粘着区。在粘着区内，由于摩擦的影响严重，接触表面上的金属质点好像粘在工具表面，而不产生相对滑移。在此区域内，接触表面附近金属由于受很大的外摩擦阻力而不发生塑性变形或变形很小，并且这种影响要扩张至一定深度，构成所谓难变形区。由于外摩擦的影响是沿径向由侧边向中心逐渐增强，沿高度方向由端面向中心逐渐减弱，所以通常想像难变形区是以粘着区为基底的近似圆锥形。

滑动区和粘着区的大小与变形区的几何参数有关。H/D 越大，粘着区越大。因为试样的高度越大，侧面金属越容易翻到接触表面上来。当 H/D 增大到一定数值，且摩擦系数又很大时，会发生没有滑动区而为全粘着的现象。

当摩擦系数一定时，随 H/D 值的减小，粘着区减小，这时接触表面上既有粘着区又有滑动区。

当摩擦系数减小，且 H/D 又减小到一定数值时，粘着区可能会完全消失，此时接触表面完全由滑动区组成。

（二）摩擦系数和变形区几何参数对变形时接触面积变化的影响

摩擦及变形区的几何参数，是引起不均匀变形的重要原因。由外摩擦引起的不均匀变形，使变形体侧表面出现鼓形。与形成鼓形有密切关系的是：侧表面金属局部地转移到接触表面上来的侧面翻平现象，如图 12-1 所示。在镦粗端部涂黑的圆柱体试样时，变形以后在圆柱体端部接触表面上出现无墨的新外环。所以，变形后接触表面积的增大，不仅是表面上质点流动的结果，也是侧面翻平的结果，二者所占比例取决于变形条件。接触面上摩擦越大，金属质点移动的阻力也越大，越不易产生滑动，侧面翻平现象就越明显。

变形区几何因素的影响是：试样的高度越高，试样侧面金属越易于转移到接触表面上来。因此，在外摩擦较大的情况下，当 H/D 比值增大到一定数值时，接触表面的增加，仅依靠侧面金属局部地转移到接触表面上来，而没有滑动区即不会发生全粘着现象。在初轧机上轧制大钢锭时，就可能出现这种情况。

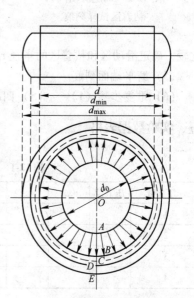

图 12-1　接触面的滑动及侧面翻平使接触面积直径增加

d—压缩前接触表面直径；
$d_{\min}$—变形后接触表面直径；
BD 环—变形后接触表面的增加量；
BC 环—滑动区内金属质点移动造成；
CD 环—翻平造成；OA 圆—粘着区；AB 环—滑动区

三、实验设备、工具和材料

（1）万能材料实验机。

（2）千分尺、游标卡尺、钢板尺、吹风机、墨汁、砂纸等。

（3）铅试样 $\phi25\text{mm} \times 50\text{mm}$ 两块。

四、实验方法与步骤

（1）试样准备：取铅试样 $\phi25\text{mm} \times 50\text{mm}$ 两块，在每块试样的一个端面上均匀涂墨，然后

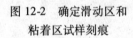

用吹风机将墨迹吹干，测量试样压前直径 d，记录。然后在涂墨的端面上刻数条直线，如图 12-2 所示。沿直线 OB 测量各线条与中心点 O 的距离，记录。

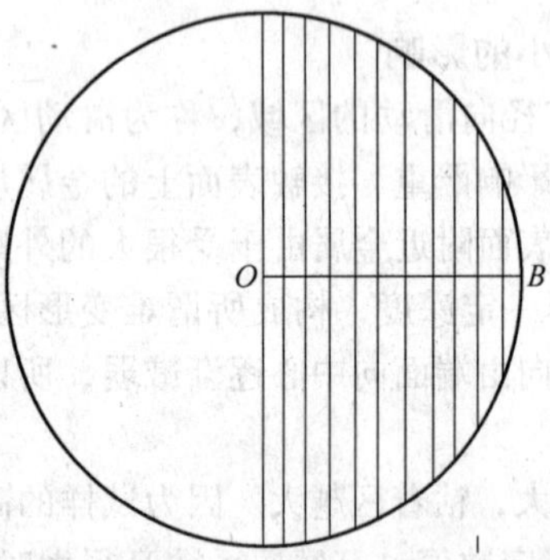

（2）材料实验机准备：取四块钢垫块，其中两块擦干，另外两块在表面涂油备用。

（3）压缩：将一块铅试样放在两块干垫块中间，上材料实验机压缩，压下量为 30%。观察滑动区和粘着区形状，测量变形后各刻痕线条与中心点 O 的距离，并与压前数值比较，确定滑动区和粘着区的半径 r_{OA} 和 r_{OB}，记录。再测量 H/D，d_{max}，d_{min}，d，半径 r_{OC}，记录。

图 12-2　确定滑动区和
粘着区试样刻痕

（4）将另一块铅试样放在两块涂油垫块中间，在材料实验机上压缩，压下量为 30%。观察滑动区和粘着区形状，测量变形后各刻痕线条与中心点 O 的距离，并与压前数值比较，确定滑动区和粘着区的半径 r_{OA} 和 r_{OB}，记录。测量 H/D，d_{max}，d_{min}，d，半径 r_{OC}，记录。

（5）磨平端面刻痕。

（6）重复步骤（1）～（5）四次。

五、实验数据表格

表 12-1　实验数据记录（摩擦条件：干燥）

压下次数	压下量	d_{max}	d_{min}	r_{OC}	d	H/D	$\delta_{侧翻}$	$\delta_{滑动}$	r_{OA}	r_{OB}	r_{OA}/r_{OB}
1											
2											
3											
4											

表 12-2　实验数据记录（摩擦条件：涂油）

压下次数	压下量	d_{max}	d_{min}	r_{OC}	d	H/D	$\delta_{侧翻}$	$\delta_{滑动}$	r_{OA}	r_{OB}	r_{OA}/r_{OB}
1											
2											
3											
4											

六、实验报告要求

（1）计算每块试样每道次压缩后的滑动区和粘着区面积，结合实验结果，分析摩擦和变形区几何参数的改变对滑动区和粘着区大小的影响。

（2）计算每块试样每道次压缩后的 $\delta_{侧翻}$ 和 $\delta_{滑动}$。令 d_{OC} 等于 2 倍的半径 r_{OC}，则

$$\delta_{侧翻} = \frac{d_{min} - d_{OC}}{2}$$

和

$$\delta_{滑动} = \frac{d_{OC} - d}{2}$$

（3）分别描绘 $\delta_{侧翻}$ 和 $\delta_{滑动}$ 与 H/D 的关系曲线，并叙说摩擦和变形区几何参数的改变，对 $\delta_{侧翻}$ 和 $\delta_{滑动}$ 的影响。

实验 13　最大咬入角和摩擦系数的测定

一、实验目的

（1）测定咬入阶段的最大咬入角 α_{max}，并考察摩擦系数与其关系。

（2）根据自然咬入的极限条件 $\alpha_{max} = \beta$ 来确定摩擦系数 f。

二、实验原理

咬入角 α 与压下量 Δh 和轧辊直径 D 有下列的几何关系：

$$\cos\alpha = 1 - \frac{H - h}{D} = 1 - \frac{\Delta h}{D} \tag{13-1}$$

式中　H——轧件轧前厚度；

　　　h——轧件轧后厚度；

　　　D——轧辊工作直径。

如图 13-1 所示：当咬入的瞬间，在轧件与轧辊的接触面上，同时存在有正压力 P 和摩擦力 T，其水平投影：

$$P_x = P \cdot \sin\alpha$$

$$T_x = T \cdot \cos\alpha$$

从图 13-2 中看到水平分力 T_x 为咬入力，P_x 为咬入阻力。二者方向相反，作用在同一直线上。

当　　　　　　　$T_x > P_x$，能咬入；

　　　　　　　　$T_x = P_x$，临界状态；

　　　　　　　　$T_x < P_x$，不能咬入。

由临界咬入条件，得：

$$P \cdot \sin\alpha = T \cdot \cos\alpha$$

$$\frac{T}{P} = \frac{\sin\alpha}{\cos\alpha} = \tan\alpha = f$$

又由物理概念有：

$$\tan\beta = f$$

所以，当

$\beta > \alpha$，合力 R 指向轧制方向，轧件能被咬入；

$\beta < \alpha$，合力 R 指向轧制反方向，轧件不能被咬入；

$\beta = \alpha$，合力 R 垂直于轧制方向，轧件处于极限条件。

由刚好咬入时的压下量（Δh_{max}）按式（13-1）确定的咬入角，即咬入阶段最大允许咬入角 α_{max}。根据极限条件下，摩擦角与咬入角之间关系，可确定摩擦系数 f。

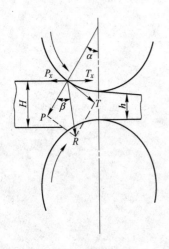

图 13-1　咬入条件分析

由咬入阶段过渡到稳定轧制阶段时,如图 13-2 所示。由于合力 R 作用点内移,更有利于咬入。

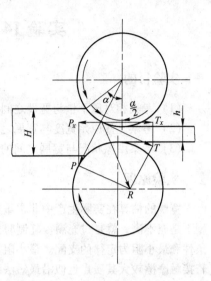

三、实验设备及工具和材料

(1) 设备:二辊实验轧机或双联实验轧机。

(2) 工具:千分尺、外卡钳、游标卡尺、钢板尺。

(3) 材料:铅试件 $10mm \times 30mm \times 100mm$ 四块。

四、实验方法与步骤

(1) 将试件去除毛边打光,编号,测量外形尺寸。

(2) 轧机准备,齿轮座、减速箱、轴颈上油,擦拭轧辊。注意必须在轧件吐出一方擦拭轧辊!

(3) 调整辊缝至确保试件不能咬入。

(4) 启动轧机。

(5) 一人缓缓抬升轧辊,另一人将试件放置在轧机入口,并使试件始终与上下轧辊保持接触。

图 13-2 稳定轧制时咬入条件分析

(6) 1 号试件极限自然咬入,测量轧后试件厚度 h 及轧辊直径 D,填入表格。

(7) 2 号试件加推力极限咬入,测量轧后尺寸,记录。

(8) 3 号试件涂油极限咬入。测量轧后尺寸,记录。

(9) 4 号试件涂粉极限自然咬入,测量轧后尺寸,记录。

五、实验数据记录表格

表 13-1 实验数据记录

试样号	摩擦条件	轧入方式	D	H	h	Δh	α	β	f
1	干辊	极限自然							
2	干辊	极限推力							
3	涂油	极限							
4	涂粉	极限自然							

六、实验报告要求

(1) 根据测得实验数据,求出 α_{max}、β、f 之数值。

(2) 讨论外力、摩擦条件对咬入角的影响。

实验 14　宽展及其影响因素

一、实验目的

（1）考察相对压下量与宽展之间的关系。

（2）考察轧件原始宽度与宽展之间的关系。

（3）考察摩擦状况与宽展之间的关系。

二、实验原理

宽展的估算在实际生产中非常重要。在孔型设计中，必须正确地确定宽展的大小，否则孔型不是充不满，就是过充满。轧制时由高向压下的金属体积如何分配延伸和宽展，受体积不变条件和最小阻力定律的支配。最小阻力定律常近似表示为最短法线定律，即金属受压变形时，若接触摩擦较大其质点近似沿最短法线方向流动。

影响宽展的因素很多，可分为变形区几何特征因素、加工因素和物理因素，如下式所示：

$$\Delta B = f(H, h, l, B, D, \Psi_a, \Delta h, \varepsilon, f, t, m, p_\sigma, v, \varepsilon')$$

式中，H, h, l, B, D, Ψ_a 是变形区几何特征因素（轧件轧前、轧后厚度，变形区长度，轧件宽度，辊径，变形区横断截面积）；Δh，ε 是加工因素（压下量，压下率）；f，t，m，p_σ，v，ε' 是物理因素（摩擦系数，轧制温度，轧件化学成分、力学性能，轧辊线速度，变形速度）。为正确掌握宽展的变化规律和控制宽展，必须对影响宽展的诸因素进行实验和研究。本实验以变形区几何特征因素中的轧件原始宽度，加工因素中的相对压下量和物理因素中的摩擦状况为例，考察它们对宽展的影响。

（一）相对压下量对宽展的影响

压下量 Δh 增大，变形区长度 l 增加（$l = \sqrt{R \cdot \Delta h}$），变形区形状参数 l/h 也增加，因而使纵向流动阻力增加，金属质点横向流动增加，故宽展加大。同时 $\Delta h/H$ 增加，则由高向压下的金属体积增加，因而宽展也随之加大。

应当指出，宽展随压下率的增加而增加的状况，由于 $\Delta h/H$ 的变化方式不同，使宽展的变化也有所不同。

（二）轧件宽度对宽展的影响

当轧件宽度小于变形区长度时，轧件宽度增加而宽展减小。这是因为宽度增加，横向阻力增大，金属质点横向流动减少。另外，轧件外端也起着阻碍金属质点横向流动的作用，使宽展减小。当宽度很大时，宽展近似于零，即 $B_h/B_H = 1$，出现平面变形状态。此时表示横向阻力的横向压缩主应力 $\sigma_2 = \dfrac{\sigma_1 - \sigma_3}{2}$。

通常认为，由于外端的作用，轧制时当变形区的纵向长度为横向长度的两倍时，会出现纵横变形相等的情况。

（三）摩擦系数对宽展的影响

根据最小阻力定律，摩擦对宽展的影响可归结为摩擦对纵、横两个方向塑性流动阻力比的影响。

摩擦系数大时，摩擦阻力增加，金属纵向流动困难，横向流动容易，则宽展增加。亦即宽展是随摩擦系数的增加而增加的。

　　由此推论，轧制过程中凡是影响摩擦的因素都对宽展有影响。

三、实验设备及工具和材料

　　（1）设备：二辊实验轧机或双联实验轧机。

　　（2）工具：千分尺、外卡钳、游标卡尺、钢板尺。

　　（3）材料：铅试件 $5mm \times 10mm \times 100mm$，$5mm \times 20mm \times 100mm$，$5mm \times 40mm \times 100mm$，$5mm \times 50mm \times 100mm$ 各一块，$5mm \times 30mm \times 100mm$ 铅试件 5 块。

四、实验方法与步骤

　　（1）将试件去除毛边打光，编号，测量外形尺寸。

　　（2）轧机准备，齿轮座、减速箱、轴颈上油，擦拭轧辊。注意从轧件吐出一方擦拭轧辊！

　　（3）根据实验要求，用尝试法调整辊缝。

　　（4）轧件宽度影响：不同宽度试件 5 块，以 $\Delta h = 2mm$ 各轧一道，测量记录。

　　（5）相对压下量影响：试件高度 $H = 5$ 试件两块，一块以 $\Delta h = 3mm$ 轧一道，另一块以 $\Delta h = 1mm$ 轧三道，每道次测量记录相关尺寸。

　　（6）摩擦影响：试件高度 $H = 5$ 试件两块，一块涂油，另一块涂粉，以 $\Delta h = 1mm$ 各轧一道，测量记录。

　　（7）注意宽度的测量要尽量精确。应在轧件上预先刻痕，轧前轧后都在刻痕处测量！如轧制时试件偏斜咬入，必须测量与实际轧制方向垂直的宽度。

五、实验数据表格

表 14-1　实验数据记录

试样组号	试样号	条件	摩擦	H	h	Δh	B	b	Δb
1	1	H 恒定	干辊						
	2	H 恒定	干辊						
	3	H 恒定	干辊						
	4	H 恒定	干辊						
	5	H 恒定	干辊						
2	6	B 恒定 H 恒定 $\Delta h = 3mm$	干辊						
	7	B 恒定 H 恒定 $\Delta h = 1mm$	干辊						
3	8	H 恒定 B 恒定 Δh 恒定	涂油						
	9	H 恒定 B 恒定 Δh 恒定	涂粉						

六、实验报告要求

（1）根据实验数据绘制：

1）$\Delta b\text{-}B$（Δh = 常数，H = 常数，f = 常数）关系曲线。

2）$\Delta b\text{-}\Delta h/H$（$B$ = 常数，H = 常数）关系曲线。

3）$\Delta b\text{-}f$（B = 常数，H = 常数）关系曲线。

（2）试分析理论计算与实验结果之差异及其产生原因。

实验 15　前滑及其影响因素

一、实验目的

（1）实验证明前滑的存在，测定其值的大小。

（2）分析摩擦、轧件厚度、相对压下量对前滑的影响。

二、实验原理

在连轧和周期轧制时都要确切知道轧件进出轧辊的实际速度。而轧件速度并不等于轧辊圆周速度的水平分量。金属在轧制过程中，变形区内被压缩的金属一部分流向纵向使轧件产生延伸，另一部分流向横向使轧件产生宽展。金属的纵向流动，造成轧件的出口速度大于轧辊的线速度，这一现象称为前滑。用公式表示，则前滑值

$$S_h = \frac{v_h - v}{v} \times 100\% = \frac{v_h \cdot t - v \cdot t}{v \cdot t} \times 100\% = \frac{L_h - L_H}{L_H} \times 100\%$$

式中　v_h——轧件出轧辊时的速度；

　　　v——轧辊线速度；

　　　L_H——轧辊表面刻痕长度；

　　　L_h——轧件表面留痕长度；

　　　t——时间。

测量前滑的刻痕法即基于此原理，如图 15-1 所示。

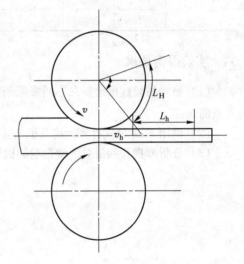

影响前滑的因素很多，有轧辊直径、摩擦系数、压下率、轧件厚度、轧件宽度以及张力等。

在压下率一定时，摩擦系数增大，由于剩余摩擦力增大，所以前滑增大。

在压下率增大时，由于伸长率增大，所以前滑增大，当压下量为常数时尤为显著。

同理，当压下量为常数时，轧件轧后厚度下降，伸长率增加，前滑增加。

图 15-1　用刻痕法测量前滑

三、实验设备及工具和材料

（1）设备：二辊实验轧机或双联实验轧机。

（2）工具：千分尺、外卡钳、游标卡尺、钢板尺。

（3）材料：铅试件 5mm × 30mm × 300mm 两块。

四、实验方法与步骤

（1）将试件去除毛边打光，编号，测量外形尺寸。

（2）轧机准备，齿轮座、减速箱、轴颈上油，擦拭轧辊。注意从轧件吐出一方擦拭轧辊！

（3）根据实验要求用尝试法调整辊缝。

（4）取铅试件一块，涂粉，以 $\Delta h = 0.7$mm，轧五道，分别测量前滑值。

（5）取铅试件—块，涂油，以 $\Delta h = 0.7 \text{mm}$，轧五道，分别测量前滑值。

（6）纪录数据，计算前滑值，并与理论计算值比较。

五、实验数据表格

表 15-1　实验数据记录

试样号	道 次	摩擦条件	L_H	L_h	S_h	H	h	Δh	$\Delta h / H$
1	1	涂粉							
	2	涂粉							
	3	涂粉							
	4	涂粉							
	5	涂粉							
2	1	涂油							
	2	涂油							
	3	涂油							
	4	涂油							
	5	涂油							

六、实验报告要求

（1）根据实验数据绘制在不同摩擦条件下 S_h-$\Delta h / H$（$\Delta h =$ 常数）和 S_h-h（$\Delta h =$ 常数）的关系曲线。

（2）试用 Fink 公式计算，将其值与实验结果比较，并分析差异及其产生原因。

（3）分析摩擦和润滑对前滑影响的机理。

实验 16　压下率对平均单位压力影响研究

一、实验目的

（1）通过实验掌握轧制力的实测方法。

（2）考察压下率对平均单位压力的影响。

二、实验原理

轧制压力是轧制时轧件给轧辊总压力的垂直分量，包括轧制单位压力的垂直分量，和单位摩擦力的垂直分量，后者工程上往往予以忽略。轧制压力的确定方法，通常有理论计算、实测和经验估算三种，以实测最为精确。

当平板轧制时，忽略轧辊的弹性压扁，轧制平均单位压力可用下式计算：

$$\bar{p} = \frac{P}{F} = \frac{P}{L \cdot (B_H + B_h)/2} = \frac{P}{\sqrt{R \cdot \Delta h} \cdot (B_H + B_h)/2}$$

因而只要测出轧制压力和变形区面积，就可确定轧制平均单位压力。

理论与实验都证明，当压下率、摩擦系数和轧辊直径增加时，平均单位压力急剧增大。固定摩擦系数和轧辊直径，可用来考察轧制时压下率对平均单位压力的影响情况。压下率对平均单位压力的影响程度随压下率的三种变化方式而异。分别使 H、h、Δh 保持一定而改变 $\Delta h/H$，将改变变形区的几何特征参数，因而也就影响变形区的应力状态和平均单位压力。通过实验确定压下率的三种变化方式对平均单位压力的影响，具有实际意义。

三、实验设备、工具及材料

（1）双联轧机。

（2）动态电阻应变仪。

（3）计算机数据采集系统。

（4）测力传感器。

（5）千分尺、游标卡尺。

（6）记录纸。

（7）铅试样 $H = 10$mm 三块，$H = 7.5$mm 一块，$H = 5$mm 一块，$H = 3.75$mm 一块，$H = 3.33$mm 一块。

四、实验方法与步骤

（1）传感器标定数据处理

测力传感器标定数据：额定负荷 70kN，灵敏度 2.04mV/V，非线性度 0.12%，滞后 0.17%。当传感器满负荷时，其输出：

$$传感器输出 = 2.04 \times 10^{-3} \times 桥压$$

$$应变仪输出 = 传感器输出 \times 应变仪放大倍数$$

根据标定数据制作出标定曲线。

（2）轧机准备，齿轮座、减速箱、轴颈上油，擦拭轧辊。注意从轧件吐出一方擦拭轧辊！

（3）试样准备，制作符合实验要求试样，编号，测量原始尺寸，记录。

（4）测量仪器准备，传感器连线，应变仪、计算机按操作程序给电。

（5）传感器电路调平，安装记录纸启动计算机数据采集系统。

（6）取铅试样三块，保持 H 恒定（$H=10\text{mm}$），分别以压下率

$$\varepsilon = \Delta h/H = 20\%,40\%,60\%$$

各轧一道，记录相关尺寸及轧制压力。

（7）取铅试样三块，保持 h 恒定（$h=3\text{mm}$），分别以压下率

$$\varepsilon = \Delta h/H = 20\%,40\%,60\%$$

各轧一道，记录相关尺寸及轧制压力。

（8）取铅试样三块，保持 Δh 恒定（$\Delta h=2\text{mm}$），分别以压下率

$$\varepsilon = \Delta h/H = 20\%,40\%,60\%$$

各轧一道，记录相关尺寸及轧制压力。

五、实验数据表格

表 16-1　实验数据记录

试样号	轧制条件	压下率/%	H	h	L	B_H	B_h	V_1	V_2	P	$\Delta h/H$
1	H 恒定	20									
2	H 恒定	40									
3	H 恒定	60									
4	h 恒定	20									
5	h 恒定	40									
6	h 恒定	60									
7	Δh 恒定	20									
8	Δh 恒定	40									
9	Δh 恒定	60									

六、实验报告要求

（1）根据标定数据绘制出标定曲线。

（2）根据实测数据分别绘出 H、h、Δh 一定时 $\bar{p}$ 与 $\Delta h/H$ 的关系曲线。

（3）解释压下率的三种变化方式对轧制平均单位压力的影响规律。

（4）分析实验可能产生的误差。

实验 17　能耗法确定轧制力矩

一、实验目的

（1）加深对轧机传动力矩组成的了解。

（2）掌握通过测定能耗确定轧制力矩的方法。

二、实验原理

轧制力矩和功率是验算轧机主电机能力和传动机构强度的重要参数，必须正确地确定这些参数。

在很多情况下，按轧制时能量消耗来决定轧制力矩是比较方便和合理的，因为在这方面有相对较多的实验资料，计算也比较简便，当轧制条件相同时，计算结果也比较可靠。

（一）轧机传动力矩的组成

轧制时电动机输出的传动力矩 M_e，主要用于克服以下四个方面的阻力矩：轧制力矩 M、空转力矩 M_0、附加摩擦力矩 M_f 和动力矩 M_d，即

$$M_e = M + M_f + M_0 + M_d$$

式中，M_f 由轧辊轴承的摩擦力矩 M_{f1}，和传动机构的附加摩擦力矩 M_{f2} 两部分组成。对于二辊轧机，有

$$M_{f1} = P \cdot d \cdot f_1 \tag{17-1}$$

和

$$M_{f2} = \left(\frac{1}{\eta} - 1 \right) \times \frac{M + M_{f1}}{i} \tag{17-2}$$

式中　d——轧辊辊颈直径；

　　　P——轧制压力；

　　　f_1——轧辊轴承的摩擦系数；

　　　η——轧机的传动效率；

　　　i——电机传动比。

（二）轧制力矩的确定

由物理学可知，轧辊力矩

$$M_\Sigma = \frac{A}{\omega \cdot t} = \frac{N \cdot t}{\omega \cdot t} = \frac{N}{\omega} \tag{17-3}$$

又因为轧辊力矩包括了轧制力矩和所有摩擦力矩，所以

$$M_\Sigma = M + i \cdot M_f$$

即

$$M = M_\Sigma - i \cdot M_f$$

将式（17-1）、式（17-2）、式（17-3）代入上式并化简，得：

$$M = \eta \cdot N \cdot \omega - P \cdot d \cdot f_1$$

测出 N、ω（即测得 n 和 D 后再计算 ω）、P、d，查表得 η 和 f_1，即可确定轧制力矩。

三、实验设备、工具及材料

(1) 双联轧机。

(2) 动态电阻应变仪。

(3) 计算机数据采集系统。

(4) 测力传感器。

(5) 转速表、秒表。

(6) 单相瓦特表两块。

(7) 千分尺、游标卡尺。

(8) 记录纸。

(9) 铅试样 $H = 10\text{mm}$ 两块。

四、实验方法与步骤

(1) 传感器标定数据处理

测力传感器标定数据：额定负荷 70kN，灵敏度 2.04mV/V，非线性度 0.12%，滞后 0.17%。当传感器满负荷时，其输出：

$$传感器输出 = 2.04 \times 10^{-3} \times 桥压$$

$$应变仪输出 = 传感器输出 \times 应变仪放大倍数$$

根据标定数据绘制出标定曲线。

(2) 轧机准备，齿轮座、减速箱、轴颈上油，擦拭轧辊。注意从轧件吐出一方擦拭轧辊！

(3) 试样准备，制作实验要求试样并编号，测量原始尺寸，记录。

(4) 测量仪器准备，传感器连线，应变仪、计算机按操作程序给电。

(5) 传感器电路调平，安装记录纸，启动计算机数据采集系统。

(6) 功率表接线采用双表法，见图 17-1，取两表读数的代数和。量程 600V × 10A = 6000W。

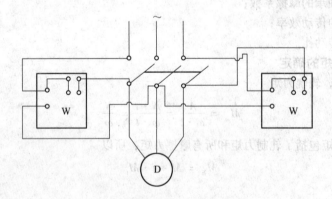

图 17-1　双表法测三相电机功率

(7) 取铅试样两块，以 $\Delta h = 2\text{mm}$ 轧制，记录每道次相关尺寸、轧制压力、功率、转速并填入表格。

五、实验数据表格

表 17-1　实验数据记录

道次	Δh	N_1	N_2	n	D	ω	V_1	V_2	η	f_1	d	P	M
1													
2													
3													
1													
2													
3													

六、实验报告要求

（1）根据标定数据绘制出力传感器标定曲线。

（2）计算轧制力矩，并给出其中一个道次的力矩计算过程。

实验 18　轧机刚度系数的测定

一、实验目的

通过实验进一步认清轧机刚度的意义，明确其重要性，并掌握测定轧机刚度系数的方法。

二、实验原理

轧机在轧制时产生的巨大轧制力，通过轧辊、轴承、压下螺杆，最后传递给机架。所有这些零部件在轧制力作用下都要产生弹性变形。

在轧制压力的作用下轧辊产生压扁和弯曲，把它相加起来就构成轧辊的弹性变形，轧辊弹性变形和轧制压力的关系曲线称为轧辊弹性曲线，该曲线近似呈直线关系。

同样，轧辊轴承及机架等，在负荷作用下也要产生弹性变形。该弹性变形相对于负荷所作的弹性曲线在最初阶段由于装配表面的不平和公差等原因有一弯曲段，过后也可视为直线。

考虑了轧辊和轧机机架的弹性变形曲线后，整个轧机的弹性曲线则为它们的总和。曲线的直线段斜率对已知轧机为常数，该斜率称为轧机的刚度系数，其物理意义是使轧机产生弹性变形所需施加的负荷量。由于曲线下部有一弯曲段，所以直线段与横坐标并不相交于原点，而是在 S_0 处。如果把轧机的初始辊缝也考虑进去，那么曲线段也将不出坐标零点开始，如图 18-1 所示。

因为两轧辊之间隙在受载时比空载时为大。把空载时的间隙称为初始辊缝 S_0'，把受载时辊缝的弹性增大量称为弹跳值 f。f 从总的方面反映了机座受力后变形的大小。显然，f 与轧制力的大小成正比。在相同的轧制力作用下，f 越小，则该轧机的刚性越好。

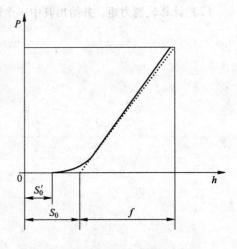

图 18-1　轧机刚度系数示意图

以纵坐标表示轧制力，以横坐标表示轧辊的开口度，由实验方法绘制出轧机的弹性变形曲线，该曲线与横坐标轴的交点即为初始辊缝 S_0'。在轧制负荷较低时有一非线性段，但在高负荷部分曲线的斜率逐渐增加趋向一个固定值，该固定值即为机座的刚度系数。固定斜率直线段与横坐标的交点即为包含初始辊缝和机架装配间隙的实际辊缝 S_0。

显然，刚度系数就是当轧机的辊缝值产生单位距离的变化时所需的轧制力的增量值，即

$$K = \frac{\Delta P}{\Delta f}$$

当轧机弹性曲线为一直线时，此时刚度系数可表示为：

$$K = \frac{P}{f}$$

则轧出的板材厚度可用下式表示：

$$h = S_0 + f = S_0 + \frac{P}{K}$$

即

$$P = K(h - S_0)$$

此式为轧机的弹性变形曲线方程，表示轧制力大小与轧出的板材厚度之间的关系。

三、实验设备、工具及材料

（1）$\phi150$ 实验轧机。

（2）压力传感器，应变仪，示波器或计算机数据采集系统。

（3）游标卡尺，千分尺，标准测量垫片。

（4）铝试件 $5mm \times 35mm$，$4mm \times 35mm$，$3mm \times 35mm$，$2mm \times 35mm$ 各一块。

（5）铅试件 $1.2mm \times 35mm$，$1.6mm \times 35mm$，$2mm \times 35mm$ 各一块。

四、实验步骤

（1）检查仪器是否预备好，接上传感器。

（2）将传感器放置在压下螺杆下面。

（3）在传感器未受载时，将传感器输出到应变仪的信号调平。

（4）预调初始辊缝 S_0' 至 $1mm$，用标准测量垫片测量。

（5）取铅试件，在调好的辊缝中依次进行轧制，记录轧制压力。测出实际辊缝 S_0。

（6）将铝试件按顺序编号，测量原始尺寸，进行轧制，同时记录轧制压力。

（7）测量每道次铝试件轧后厚度，添入表格。

五、实验数据表格

表 18-1　实验数据记录

试样号	材质	H	h	压下量	S_0'	P	S_0	f	K
0	垫片								
1	铅								
2	铅								
3	铅								
1	铝								
2	铝								
3	铝								
4	铝								

六、实验报告要求

（1）由实验数据绘出轧机的弹性变形曲线。

（2）由实验曲线计算出 S_0，f，K，并对结果进行分析。

实验 19　挤压时金属塑性流动研究

一、实验目的

通过实验进一步认清金属在挤压时的塑性流动规律，研究模角、变形程度对金属流动的影响。

二、实验原理

研究金属在挤压时的塑性流动规律是非常重要的，因为挤压制品的组织性能、表面质量、外形尺寸和形状的精确度以及工具设计原则等，都与其有密切关系。影响金属流动的因素有：金属的强度、接触摩擦与润滑条件，以及工具与锭坯的温度、工具结构与形状、变形程度与挤压速度等。

研究的实验方法有多种，如坐标网格法、观测塑性法、组合试件法、插针法、金相法、光塑性法、莫尔条纹法、原子示踪法以及硬度法等。其中最常用的是坐标网格法，我们在实验中将采用此种方法。

网格法是研究金属压力加工中的变形分布、变形区内金属流动情况等应用最广泛的一种方法。其方法是在变形前在试件表面或内部剖分平面上做出方格或同心圆。待变形后观测其变化情况，来确定各处的变形大小，判断物体内的变形分布情况。

多数的情况下，金属的塑性变形是不均匀的，但是可以把变形体分割成无数小的单元体，如果单元体足够小，则在小单元体内就可以近似视作是均匀变形。这样，就可以借用均匀变形理论来解释不均匀变形过程，由此构成坐标网格法的理论基础。网格原则上尽可能小些，但考虑到单晶体各向异性的影响，一般取边长 5mm，深度 1~2mm。

应当指出，当刻画网格的尺度很小，如网格为 1mm 间距以下时，必须借助于工具显微镜测量，而线条及其间距应设法避免波动，以防影响精确性。

三、实验设备、工具及材料

（1）万能材料实验机。

（2）刻线打点机。

（3）挤压模具一套，材质为碳钢，不同模角和模具内孔直径的模子四个。

（4）游标卡尺，千分尺。

（5）每批次实验铅试件四块，尺寸为 $\phi32\text{mm} \times 70\text{mm}$，每小组一块。

四、实验步骤

（1）试样准备，将试样打光、编号。

（2）在对剖试样的剖面上，划上对称的网格如图 19-1 所示，方格每边长 5mm。

（3）用白纸将网格的图形印下来，将方格编号，再将粉笔涂在网格上。

（4）记录挤压筒和模子尺寸后，将试样装入挤压筒中。

（5）检查设备，准备就绪后进行挤压。

（6）观察网格的变化情况，测定与计算各方格的变形，将结果填入表 19-1 中。

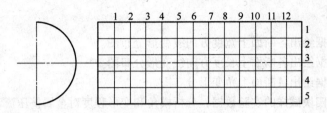

图 19-1　试样剖面网格图

五、实验数据表格

表 19-1　实验数据记录

方格号	模孔直径	模角	试样直径	压后格长	压后格宽	长度线变形 ε/%	宽度线变形 ε/%	压后格角度 γ/（°）
1-1								
1-2								
1-3								
1-4								
1-5								
4-1								
4-2								
4-3								
4-4								
4-5								
7-1								
7-2								
7-3								
7-4								
7-5								
10-1								
10-2								
10-3								
10-4								
10-5								
12-1								
12-2								
12-3								
12-4								
12-5								

六、实验报告要求

（1）由实验数据绘出各断面上宽度方向线变形分布图。

（2）由实验数据绘出各断面上长度方向线变形分布图。

（3）由实验数据绘出各断面上角变形分布图。

（4）由每批次四块试样的实验数据，分析模角和变形程度对金属挤压流动现象的影响，做出有关结论。

实验 20　　建立多元线性回归模型

一、实验目的

通过本实验掌握多元线性模型和可以化为线性模型的非线性模型的参数计算方法。学会应用一种算法语言编程及程序调试等计算机操作技能。

二、实验内容和要求

已知钢的变形阻力 σ 是变形温度 T，变形速度 μ 和变形程度 ε 的函数，即

$$\sigma = f(T,\mu,\varepsilon) = e^{(b_0+b_1T)}\mu^{(b_2+b_3T)}\varepsilon^{b_4}$$

根据表 20-1 实测的 20 组数据用多元线性回归方法确定参数 b_0，b_1，b_2，b_3，b_4 的值，建立回归方程。

表 20-1　实测数据

α	$\varepsilon/\%$	μ/s^{-1}	$T/\text{℃}$	$\sigma/\mathrm{kg}\cdot\mathrm{mm}^{-2}$	α	$\varepsilon/\%$	μ/s^{-1}	$T/\text{℃}$	$\sigma/\mathrm{kg}\cdot\mathrm{mm}^{-2}$
1	0.4	1	850	11.18	11	0.3	10	1100	7.27
2	0.4	1	1000	6.78	12	0.3	30	900	14.02
3	0.4	1	1200	3.51	13	0.2	1	950	7.57
4	0.4	5	850	13.25	14	0.2	5	1000	8.22
5	0.4	5	1000	8.69	15	0.2	10	1050	8.02
6	0.4	5	1200	4.95	16	0.2	20	1100	8.01
7	0.3	1	850	10.86	17	0.1	5	1150	4.67
8	0.3	1	1050	5.62	18	0.1	10	850	11.71
9	0.3	1	1150	4.04	19	0.05	10	1200	4.08
10	0.3	10	850	13.94	20	0.05	30	1200	5.71

三、实验原理与计算方法

（一）计算原理

（1）用坐标变换法把 $\sigma = f(T,\mu,\varepsilon)$ 模型化为线性模型。

（2）求出正规方程的系数矩阵和右端项系数。

（3）求解正规方程，得到 b_1，b_2，b_3，b_4 及 b_0 的值。

（4）检验各自变量作用的显著性。

（5）将线性模型反变换为非线性模型。

（二）计算步骤

（1）对 $\sigma = f(T,\mu,\varepsilon) = e^{(b_0+b_1T)}\mu^{(b_2+b_3T)}\varepsilon^{b_4}$ 两边取自然对数，有

$$\ln\sigma = b_0 + b_1T + b_2\ln\mu + b_3T\ln\mu + b_4\ln\varepsilon$$

如果令 $x_1 = T$，$x_2 = \ln\mu$，$x_3 = T\ln\mu$，$x_4 = \ln\varepsilon$，$y = \ln\sigma$，则

$$y = b_0 + b_1x_1 + b_2x_2 + b_3x_3 + b_4x_4$$

即 y 是 x_1，x_2，x_3，x_4 的线性函数，其中 b_0，b_1，b_2，b_3，b_4 为回归系数。

（2）对于给定的 n 组实验数据 $(x_{\alpha 1}, x_{\alpha 2}, \cdots, x_{\alpha p}, y_\alpha)$，$\alpha = 1 \sim n$，根据最小二乘原理，为使

$$Q = \sum_{\alpha=1}^{n}(y_\alpha - \hat{y}_\alpha)^2$$

达到最小，应有 $\dfrac{\partial Q}{\partial b_1} = 0$，由此可建立如下正规方程组：

$$\begin{cases} l_{11}b_1 + l_{12}b_2 + \cdots + l_{1p}b_p = l_{1y} \\ l_{21}b_1 + l_{22}b_2 + \cdots + l_{2p}b_p = l_{2y} \\ \quad\quad\quad\quad \vdots \\ l_{p1}b_1 + l_{p2}b_2 + \cdots + l_{pp}b_p = l_{py} \end{cases}$$

式中，$l_{iy} = \displaystyle\sum_{\alpha=1}^{n} x_{\alpha i}x_{\alpha j} - \frac{1}{n}\sum_{\alpha=1}^{n} x_{\alpha i}\sum_{\alpha=1}^{n} x_{\alpha j}$，$(1 \leqslant i \leqslant p, 1 \leqslant j \leqslant p)$，

$$l_{iy} = \sum_{\alpha=1}^{n} x_{\alpha i}y_\alpha - \frac{1}{n}\sum_{\alpha=1}^{n} x_{\alpha i}\sum_{\alpha=1}^{n} y_\alpha, (1 \leqslant i \leqslant p),$$

可用矩阵解法解此方程组。

令　　　$L = \begin{bmatrix} l_{11} & l_{12} & \cdots & l_{1p} \\ l_{21} & l_{22} & \cdots & l_{2p} \\ \vdots & \vdots & \vdots & \vdots \\ l_{p1} & l_{p2} & \cdots & l_{pp} \end{bmatrix}$，$B = \begin{bmatrix} b_1 \\ b_2 \\ \vdots \\ b_4 \end{bmatrix}$，$y = \begin{bmatrix} l_{1y} \\ l_{2y} \\ \vdots \\ l_{3y} \end{bmatrix}$，则 $B = L^{-1}Y$

计算 L^{-1} 可以采用全选主高斯-约当法。

（3）计算 y 估计值　　　　$\hat{y}_k = b_0 + b_r x_1 + \cdots + b_p x_p$

回归平方和　　　　　　　$U = \displaystyle\sum_{k=1}^{n}(\hat{y}_k - \overline{y})^2$

残差平方和　　　　　　　$Q = \displaystyle\sum_{\alpha=1}^{n}(y_\alpha - \hat{y}_\alpha)^2$

统计量　　　　　　$F = \dfrac{u/p}{Q/(n-p-1)} - F_\alpha(p, n-p-1)$

若 $F > F_\alpha(p, n-p-1)$，表明回归显著，回归系数可接受；

若 $F < F_\alpha(p, n-p-1)$，表明回归不显著，回归系数不可接受。

（4）计算偏回归平方和　　　　$v_i = \dfrac{b_i^2}{c_{ii}}$

式中，c_{ii} 为 L^{-1} 的元素，$1 \leqslant i \leqslant p$。

统计量　　　　　　$F_\alpha = \dfrac{v_i}{Q/(n-p-1)} - F_\alpha(1, n-p-1)$

若 $F_i > F_\alpha(1, n-p-1)$，表明对应的自变量 x_i 的作用显著；

若 $F_i < F_\alpha(1, n-p-1)$，表明对应的自变量 x_i 的作用不显著。

四、其他说明

（1）本实验中 $n = 20$，$p = 4$，α 取 $1 - 0.95 = 0.05$，查 F 分布表可知：

$$F_{0.05}(4,15) = 3.06, \quad F_{0.05}(1,15) = 4.54。$$

（2）该模型的建立可用 MATLAB 实现，也可用其他计算机语言如 VB 实现。

五、实验报告要求

给出计算过程和结果。

实验 21　建立多项式回归模型

一、实验目的

掌握高斯-约当消元法的原理并应用此法建立多项式回归模型。

二、实验内容和要求

在轧制压力计算中，应力状态系数 n_σ 与变形程度 ε、轧辊半径 R 和轧件出口厚度 h 的关系如下：

$$n_\sigma = f\left(\varepsilon, \sqrt{\frac{R}{h}}\right) = b_0 + b_1\varepsilon + b_2\sqrt{\frac{R}{h}} + b_3\varepsilon^2 + b_4\varepsilon\sqrt{\frac{R}{h}} + b_5\varepsilon^2\sqrt{\frac{R}{h}} + b_6\varepsilon^3$$

已知：在 200 实验轧机上实测 16 组数据如表 21-1 所示。轧辊半径 $R = 100$，用多项式回归法确定 n_σ 的回归模型的待定参数 b_0，b_1，b_2，b_3，b_4，b_5，b_6。

表 21-1　实测数据

序　号	ε	h	n_σ	序　号	ε	h	n_σ
1	0.35	1.23	2.3952	9	0.16	2.5	1.4937
2	0.30	1.4	2.1698	10	0.10	2.7	1.2919
3	0.25	1.5	1.8680	11	0.37	2.5	2.0985
4	0.15	1.7	1.4919	12	0.27	2.9	1.6882
5	0.10	1.8	1.4355	13	0.23	3.05	1.5858
6	0.40	1.8	2.3914	14	0.17	3.3	1.5183
7	0.33	2.0	2.0512	15	0.10	3.6	1.2340
8	0.26	2.2	1.9003	16	0.05	3.8	1.0790

三、实验原理和计算方法

（一）增广矩阵 $L = [L | L_y]$ 求逆法

（二）计算步骤

（1）用变量代换法，将

$$n_\sigma = f\left(\varepsilon, \sqrt{\frac{R}{h}}\right) = b_0 + b_1\varepsilon + b_2\sqrt{\frac{R}{h}} + b_3\varepsilon^2 + b_4\varepsilon\sqrt{\frac{R}{h}} + b_5\varepsilon^2\sqrt{\frac{R}{h}} + b_6\varepsilon^3$$

化为：

$$y = b_0 + b_1x_1 + b_2x_2 + b_3x_3 + b_4x_4 + b_5x_5 + b_6x_6$$

（2）对给定的 n 组实测数据 $(x_{\alpha1}, x_{\alpha2}, \cdots, x_{\alpha p}, y_\alpha)$ 进行处理，并使

$$Q = \sum_{\alpha=1}^{n} (y_\alpha - \hat{y}_\alpha)^2$$

达到最小，根据 $\frac{\partial Q}{\partial b_1} = 0$ 得正规方程：

$$
\begin{cases}
l_{11}b_1 + l_{12}b_2 + \cdots + l_{1p}b_p = l_{1y} \\
l_{21}b_1 + l_{22}b_2 + \cdots + l_{2p}b_p = l_{2y} \\
\vdots \\
l_{p1}b_1 + l_{p2}b_2 + \cdots + l_{pp}b_p = l_{py}
\end{cases}
$$

式中，$l_{iy} = \displaystyle\sum_{\alpha=1}^{n} x_{\alpha i}x_{\alpha j} - \frac{1}{n}\sum_{\alpha=1}^{n}x_{\alpha i}\sum_{\alpha=1}^{n}x_{\alpha j}, (1 \leqslant i \leqslant p, 1 \leqslant j \leqslant p)$

$l_{iy} = \displaystyle\sum_{\alpha=1}^{n} x_{\alpha i}y_{\alpha} - \frac{1}{n}\sum_{\alpha=1}^{n}x_{\alpha i}\sum_{\alpha=1}^{n}y_{\alpha}, (1 \leqslant i \leqslant p)$

$p = 6$，$n = 16$。

（3）求解 $\boldsymbol{L} = \left[\boldsymbol{L} \middle| \boldsymbol{L}_y\right]$ 的逆矩阵得 $b_1 \sim b_6$，

$$
b_0 = \bar{y} - b_1\bar{x}_1 - b_2\bar{x}_2 - \cdots - b_6\bar{x}_6
$$

（4）计算偏回归平方和

$$
v_i = \frac{b_i^2}{c_{ii}}
$$

式中，c_{ii} 为 $\boldsymbol{L}^{-1}$ 的元素，$1 \leqslant i \leqslant p$。

统计量　　　　　$F_\alpha = \dfrac{v_i}{Q/(n-p-1)} - F_\alpha(1, n-p-1)$

若 $F_i > F_\alpha(1, n-p-1)$，表明对应的自变量 x_i 的作用显著。

若 $F_i < F_\alpha(1, n-p-1)$，表明对应的自变量 x_i 的作用不显著，应剔除，并对其余的待定参数进行修正：

$$
b_j^* = b_j - \frac{c_{ij}}{c_{ii}}b_1, \quad j = 1 - p(j \neq i)
$$

式中，b_j 为原参数；b_j^* 为修正后的参数；c_{ij}、c_{ii} 为 $\boldsymbol{L}^{-1}$ 的元素。

四、实验结果分析

待定参数：

$$
b_0 = 0.674255, \quad b_1 = 1.067961, \quad b_2 = 0.054651, \quad b_3 = 2.850110,
$$

$$
b_4 = 0.320547, \quad b_5 = 0.126591, \quad b_6 = 2.376834
$$

统计量：　　　　　　　　$F = 7927.02$

剩余标准差：　　　　　　$S_y = 0.007089$

最终回归模型：

$$
n_\sigma = 0.693712 + 0.386833\varepsilon + 0.56653\sqrt{\frac{R}{h}} + 0.348707\varepsilon\sqrt{\frac{R}{h}}
$$

$$
F = 12634.80, S_y = 0.007989
$$

五、其他说明

（1）$F_{0.05}(1, 9) = 5.12$

$F_{0.05}(1, 10) = 4.96$

$F_{0.05}$（1，11）＝4.84

$F_{0.05}$（1，12）＝4.75

（2）该模型的建立可用 MATLAB 实现，也可用其他所学计算机语言如 VB 实现。

六、实验报告要求

给出计算过程和结果。

实验 22　Bland-Ford-Hill 冷轧压力模型计算

一、实验目的

通过本实验掌握用迭代计算求解函数模型的数学方法。

二、实验要求

（一）五机架连轧轧制力预报计算

已知：$H_0 = 3.00\text{mm}$，$D = 580\text{mm}$，$B = 1000\text{mm}$，乳化液润滑、冷却。具体数据见表 22-1。

表 22-1　实测数据

机架号	1	2	3	4	5
H_i/mm	3.00	2.343	1.942	1.589	1.297
H_i/mm	2.343	1.942	1.589	1.297	1.200
$t_{fi}/\text{kg} \cdot \text{mm}^{-2}$	14.9	12.9	12.9	13.8	2.8
$T_{bi}/\text{kg} \cdot \text{mm}^{-2}$	2.7	14.9	12.9	12.9	13.8

钢种 B_2F：$a_1 = 90.61$，$a_2 = 0.09962$，$a_3 = 0.38$

f 取表格模型为：$f_1 = 0.096$，$f_2 = 0.071$，$f_3 = 0.053$，$f_5 = 0.074$。

$$\mu_\Sigma = 0.4,\ v = 0.3,\ \alpha = 3.33,\ E = 2.2 \times 10^5。$$

（二）冷轧带钢计算

已知：$B = 348\text{mm}$，$H_0 = 3.00\text{mm}$，

钢种 08F，$a_1 = 84$，$a_2 = 0.009964$，$a_3 = 0.30$

来料：　　$348 \times 3 \to 348 \times 2.1$

　　　　　$348 \times 2.1 \to 348 \times 1.6$

　　　　　$348 \times 1.6 \to 348 \times 1.25$

　　　　　$348 \times 1.25 \to 348 \times 1.0$

$$D_\text{工} = 170 \times 600\text{mm},\ D_\text{支} = 400 \times 600\text{mm},\ t_b = 0,\ t_f = 1000$$

通过计算观察，当 $f = 0.05 \sim 0.10$ 变化时，P_B 和 P 的变化。

三、实验原理

已知冷轧压力计算的一组模型：

轧制力的模型　　　　　　　　　　$$P = P_B B$$

$$P_B = \bar{k} l' Q_P n_t$$

变形抗力模型 $\bar{k} = a_1 (\bar{\varepsilon} + a_2)^{a_3}$，$a_1$，$a_2$，$a_3$ 为系数。

平均变形程度　　　　　　　　　$$\bar{\varepsilon} = \mu_\Sigma \varepsilon_H + (1 - \mu_\Sigma) \varepsilon_H$$

入口处的积累变形程度　　　　　$$\varepsilon_H = 1 - \frac{H}{H_0}$$

出口处积累变形程度　　　　　　$$\varepsilon_h = 1 - \frac{h}{H_0}$$

张力系数子模型　　　　　　　$n_t = 1 - \dfrac{(\alpha - 1) t_b + t_f}{\alpha \bar{k}}$

变形区压扁弧长　　　　　　　$l' = \sqrt{R' \Delta h}$

压扁半径　　　　　　　　　　$R' = R\left(1 + \dfrac{C_0 P_B}{H - h}\right)$

参数　　　　　　　　　　　　$C_0 = \dfrac{16(1 - \nu^2)}{\pi E}$

式中，ν 为工作辊的泊松比；E 为杨氏模量。

外摩擦影响系数子模型　　$Q_P = 1.08 + 1.79 \varepsilon f \sqrt{\dfrac{R'}{H}} - 1.02 \varepsilon$

道次变形程度　　　　　　　　$\varepsilon = \dfrac{H - h}{H}$

四、其他说明

该模型的计算可用 MATLAB 实现也可用其他所学计算机语言如 VB 实现。

五、实验报告要求

给出计算过程和结果。

下篇　综合设计性实验

实验 23　电阻应变式传感器的制作
与标定及静态特性测定

一、实验目的

（1）通过实验掌握电阻应变片粘贴技术和组桥连线方法，培养学生实际制作传感器的能力。

（2）掌握动态电阻应变仪和光线示波器或计算机采集系统的使用方法，培养学生实际操作测试仪器的能力。

（3）掌握测力传感器标定方法和测试装置静态特性的测定方法。

二、实验内容

（一）弹性元件的制备

包括磨光、清洗、烘干，应变片的外观检查和阻值分选，应变片的粘贴和组桥连线，防潮处理。

（二）动态电阻应变仪的连线

实验室常用动态电阻应变仪有四个或六个通道，可同时测四路或六路信号。每个通道如图 23-1 所示。

电桥部分装在电桥盒内。电桥按 120Ω 匹配设计，在电桥盒内有两个 120Ω 的精密无感电阻和一个 1000pF 云母电容器，电阻作为半桥测量时的内半桥，全桥测量时则将该两电阻断开；电容为电容平衡粗调，当"电容平衡"调节范围不够时，将接线柱"6"接到"1"或"3"上。在半桥和全桥测量时，电桥盒的接线如图 23-2 所示。

在待测传感器如图连接电桥盒后，将电桥盒的插头插入应变仪面板下部的"输入"插座内。应变仪背后的输出线接好后，输出线的另一端接到光线示波器相应的输入接线柱上，或接到计算机采集系统的端子板上接线柱上。

（三）应变仪平衡调节

先观察应变仪面板上输出表是否指零，如果不指零，调节"基零调节"电位器，使表针指零。

将"衰减"开关转到"100"，观察输出表和平衡指示表是否都指零，如果不指零，用"电阻平衡"

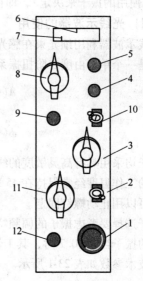

图 23-1　应变仪面板示意图

1—输入插头；2—标测开关；3—标定开关；
4—基零调节；5—电容平衡；6—输出电表；
7—平衡指示电表；8—输出开关；9—电阻平衡；
10—电阻平衡转换开关；11—衰减开关；
12—灵敏度微调

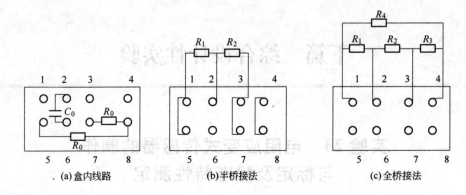

图 23-2　电桥盒接线图

和"电容平衡"调节到两个表针大致指零。之后将"衰减"开关依次转到"30"、"10"、"3"、"1"，将指针调零。如不能将指针调零，可将"电阻平衡"的"粗细"开关转到"细"，以增加预调平衡范围。如能使输出表针指零，而不能使平衡表针指零，则可利用电桥盒内的电容器，将接线柱"6"与"1"或"3"连接（由实验决定），再用"电容平衡"调节。

将"标测"开关扳到"标"，调节"基零调节"使输出表为零，用"标定"开关给出 ±30με，调节"灵敏度"电位器使输出电表指 ±7.5mA，此时即调到了额定灵敏度（不在额定灵敏度使用也可以，也可按示波器上波形的大小满足要求来调节"灵敏度"电位器）。

将"标测"开关扳到"测"再检查一次平衡，如有不平衡则再次调到平衡。将"衰减"开关放到和预计的被测应变信号相适应的位置，将"输出"开关扳到"测量12"或"测量16"（由使用的振子来决定），即可开始使用。

（四）光线示波器的使用

光线示波器利用细光束在感光纸上记录被测信号，是一种应用广泛的记录仪器。光线示波器振子是一个单自由度二阶扭振系统，其幅频特性和相频特性为

$$A(\eta) = \frac{1}{\sqrt{(1-\eta^2)^2 + 4\zeta^2\eta^2}} \cdot \frac{K}{G}$$

$$\phi(\eta) = -\arctan\frac{2\zeta\eta}{1-\eta^2}$$

振子均采用具有高灵敏度的线圈式结构一起插入公共的磁系统内，磁系统装有恒温装置，使振子的工作温度经常保持在 45 ±5℃，磁系统上装有能使振子作俯仰及转动的活动极靴，当调整后可以用止动螺钉固定。

振子选择要考虑振子的幅频特性，被测频率与振子固有频率之比越大，振幅误差也越大。油阻尼的振子当 $\zeta = 0.7$ 时，其工作频率为所使用固有频率的 40% ～45% 左右。常用振子型号及相应技术参数如表 23-1 所示。

表 23-1　常用振子型号及相应技术参数

振子型号	固有频率	工作频率	直流灵敏度 /mm·mA^{-1}	内阻/Ω	外阻/Ω $\zeta = 0.7$	最大允许电流 /mA	保证线性最大 振幅/mm
FC6-120	120	0 ~65	840	55 ±10	275 ±125	0.2	±3% ±100
FC6-400	400	0 ~200	72	50 ±10	27.5 ±12.5	2	±3% ±100

振子型号	固有频率	工作频率	直流灵敏度 /mm·mA^{-1}	内阻/Ω	外阻/Ω $\zeta = 0.7$	最大允许电流 /mA	保证线性最大 振幅/mm
FC6-1200	1200	0~400	12	20±4		5	±3% ±50
FC6-2500	2500	0~800	2.45	16±4		30	±3% ±50
FC6-5000	5000	0~1700	0.45	12±4		80	±3% ±30

振子安装时要考虑尽量减少圆弧误差，尽量使振子的顺序与光点的位置相适应。使用时打开电源开关，预热 10~30min，再按起辉电钮。注意：突然熄灭或关断熄灭后，不能马上再次起辉，必须等 10min 后灯泡冷却才能再次起辉。根据需要用专用工具松开振子紧固螺钉，转动振子或调整其仰角，以调节各光点在记录纸上的位置。

根据被测信号的频率及变化速度选择合适的纸速及时标。根据信号的大小及纸速快慢调节光点光栅和分格线光栅的亮度，以达到良好的记录效果。按下电机按钮锁牢，将定长按钮调节到所需要记录长度的位置，按下或锁牢拍摄按钮，记录纸送出定长长度后自动停拍。放开拍摄按钮，准备下次拍摄用。

（五）自制压力传感器标定

对自制压力传感器进行标定，就是用材料实验机给出一系列标准载荷作用在传感器上，记录每次加载时的载荷 p，同时用光线示波器记录相应的光点偏移量 y，或用计算机数据采集系统记录相应载荷下应变仪输出电压，做出标定曲线（即 y-p 或 V-p 关系曲线），从而确定出标准载荷与输出信号之间的对应关系，以此关系来度量传感器所承受的未知载荷大小。

（六）测试装置静态特性测定

测试装置的静态特性，指对于静态信号，测试装置的输出量与输入量之间所具有的相互关系。静态特性指标主要有灵敏度、线性度和回程误差。

（1）灵敏度　对采用压力传感器的应变仪、示波器系统来说，就是当压力有一个微变量 $\mathrm{d}p$，引起振子光点偏移量发生微变 $\mathrm{d}y$ 时，它们的比值。即灵敏度

$$K = \frac{\mathrm{d}y}{\mathrm{d}p}$$

通过静态标定得到的标定曲线即为灵敏度曲线，因此，灵敏度可定义为标定曲线的斜率。

（2）线性度　把标定曲线与理论直线的偏离程度称为测试装置的线性度，用标定曲线偏离理论直线的最大偏差的百分比来表示。理论直线可用回归方法加以确定。即

$$线性度 = \frac{|最大偏差|}{输出信号变化范围} \times 100\%$$

（3）回程误差　在同样的测试条件下当输入信号在由小增大和由大减小的过程中，测试装置会出现输入同样大小的信号而得到不同的两个输出信号。其最大差值称为滞后量。即

$$回程误差 = \frac{滞后量}{输出信号变化范围} \times 100\%$$

产生回程误差的主要原因是测试装置中磁性材料的磁化现象和弹性元件材质的疏松等因素造成。因此，测试时应避免强磁区，传感器在标定前要预受力数次。

三、实验用仪器、工具和材料

（1）仪器：兆欧表、万用表、惠斯顿电桥、动态电阻应变仪、光线示波器或计算机数据采

集系统、万用材料试验机。

（2）工具：放大镜、红外线灯、电烙铁、镊子、传感器、振子等。

（3）材料：应变片、502 胶水、丙酮、酒精、砂纸、药棉、塑料薄膜、电线、套管、紫外线、记录纸等。

四、实验步骤

（一）传感器制作

（1）外观检查　用 5 倍以上放大镜检查应变片本体是否完整，有无霉点和锈斑，引线是否牢固。

（2）阻值分选　先用万用表测量应变片是否短路、断路，然后再用惠斯顿电桥精确测量应变片阻值并记录。

QJ-23 型直流单电桥主要由比例臂、比较臂、检流计等组合而成。使用时首先检查一下断路片是否正确接好（说明在底板），调节检流计指针和零线重合。估计被测片的阻值，依此选好比例臂值，将被测应变片接到"RX"两接线柱上，适当选择比较臂值，使按钮"B"和"C"闭合，看检流计指针的偏转方向，如向正偏，则加大比较臂值，反之减少比较臂值，直至检流计指针不动。此时，所测应变片的阻值即为：

$$R = 比例臂值 × 比较臂值$$

（3）配桥　要求组成桥臂各臂阻值大致相等，最大误差不应超过 0.2Ω。注意利用"和差特性"。

（4）贴片部位的表面处理　首先用砂纸将该表面打光，交叉打磨的纹路应与应变片的轴线成 45°角。再用镊子夹药棉沾丙酮和酒精擦洗，直至药棉没有黑迹为止。

（5）画线定位　为保证应变片粘贴位置准确，用铅笔将定位线画在试件表面上。为避免端部效应对应变分布的影响，贴片位置不要太靠端部。同时要注意留出贴接线端子的位置。

（6）贴片　烘干贴片部位表面，将 502 胶水分别涂抹在应变片表面和试件表面，小心粘贴在预定部位，用透明塑料薄膜覆盖在应变片上，用拇指从应变片一端到另一端轻轻挤压，挤压出多余胶水和气泡。

需要注意的是：要分清应变片的正反面，正面向上。否则将造成对弹性元件短路。

（7）粘贴端子　为防止在焊接组桥时将应变片的引出线拉断，要在应变片的附近粘贴端子。引出线要加套管。

（8）粘贴质量检查　应变片贴完后，要进行外观、阻值和绝缘检查。阻值应无太大改变，绝缘电阻应在 100MΩ 以上。

（9）组桥连线　先将引出线固定在端子上，再按设计好的组桥连线图进行焊接连线。考虑电线分布电容，电路线长短要适宜，布置要均匀。严防虚焊。再一次检查阻值和绝缘。

（10）防潮处理　用绝缘绸布将整个桥路包好，再包上白布带，最后用石蜡将弹性元件的表面封好，写上班级姓名，以待使用。

（二）仪器使用及平衡调节

（1）将电桥盒与应变仪连线接上，并接好应变仪与电源供给器和示波器的连线。

（2）将传感器接到电桥盒上。

（3）连接应变仪的电源，打开应变仪电源开关预热。

（4）平衡调节。

（5）打一次电标定，记录所对应毫安值，即将测标开关置于标定一侧，标定旋钮打在 30、100、300με 分别记录所对应的毫安值。

（6）选择振子并安装。注意应变仪测量旋钮挡位应对应所选振子：FC6-5000 对应测量 12 挡，FC6-2500 对应测量 16 挡，FC6-1200 对应测量 20 挡。

（7）装入记录纸，再打一次电标定，输入光线示波器 FC6-1200 振子内，调整应变仪输出衰减，观察光点双振幅，拍摄一段记录波形，曝光后观察所记录波形。

（三）传感器标定及静态特性测试

（1）连接应变仪、示波器（或计算机采集系统）和传感器。

（2）应变仪调平衡。

（3）将传感器放在材料试验机上，对正中心。

（4）开动试验机，慢慢加载。由零载到额定载荷之间预加载 2~3 次，预加载最大负荷为 8t，以消除传感器各部件之间的间隙和滞后，改善其线性。在加载过程中根据输出信号的大小调整应变仪的衰减挡。应变仪的线性输出范围为 0~50mA，应在此范围的 40%~80% 为宜。

（5）进行标定前的第一次电标定。

（6）对传感器进行正式标定加载，将额定载荷分成若干梯度，每梯度 0.5t，由零载荷到额定载荷按梯度加载，将每个梯度载荷稳定 5~10s，以便读取输出值。

（7）加载到额定载荷后，按同样梯度卸载，记录卸载时的输出值。

（8）检查传感器输出信号是否正确。

（9）经检查无误后，进行标定后的第二次电标定。

五、实验数据记录项目

（一）仪器工作状态记录

具体记录项目如下：

（1）传感器编号

（2）应变仪通道号和衰减挡位及测量挡位

（3）记录仪振子型号或采集系统通道号

（4）第一次电标 ±με　mA

（5）第二次电标 ±με　mA

（二）实验数据记录

表 23-2　实验数据记录

加　载/kN	10	20	30	40	50	60	70	80	90	100
光点偏移/mm 或电压/V										
卸　载/kN	100	90	80	70	60	50	40	30	20	10
光点偏移/mm 或电压/V										
滞后量/mm 或 V 偏差/mm 或 V										

六、实验报告要求

（1）简述贴片、连线、检查等主要步骤。

（2）画出 4 片应变片（2 片工作片、2 片补偿片）组成全桥的组桥原理图和连线图。

（3）应变仪、示波器使用主要操作步骤及连线方法，振子的选择原则，传感器平衡调节的步骤。

（4）将标定加载记录数据和卸载记录数据填入表格。

（5）画出标定曲线，求出灵敏度。

（6）做出回归曲线，求出线性度。

（7）画出加-卸载曲线，求出回程误差。

实验 24　轧制工艺参数对奥氏体再结晶行为
及轧后组织的影响

一、实验目的

运用所学的专业知识，对轧件进行控制轧制和控制冷却，以及掌握利用显微组织观察和晶粒度测定等手段和方法，研究轧制工艺参数对轧材组织的影响，认识形变奥氏体（γ）与轧后铁素体（α）之间的内在联系，加深对控制轧制和控制冷却改善轧材性能的本质认识。

二、实验原理

（一）控制轧制基本原理

控制轧制是指在比常规轧制温度稍低的条件下，采用强化压下和控制冷却等工艺措施来提高热轧钢材的强度和韧性等综合性能的一种轧制方法。控制的主要手段是细化钢的组织，从而达到提高钢材强度与韧性的目的。

控制轧制可分为奥氏体再结晶区控制轧制、奥氏体未再结晶区控制轧制和（$\gamma + \alpha$）两相区控制轧制。

（1）奥氏体再结晶区控制轧制通过对加热时粗化的初始 γ 晶粒轧制——再结晶使之得到细化，进而由 $\gamma \rightarrow \alpha$ 相变后得到细小的 α 晶粒。亦即 α 晶粒的细化主要是通过 γ 晶粒的细化来达到的，而 γ 再结晶区域轧制的目的就是通过再结晶使 γ 晶粒细化。γ 再结晶区域通常是在950℃以上的范围。

（2）奥氏体未再结晶区的温度区间一般为 950℃ ~ A_{r3}。在该区域控制轧制时，γ 晶粒沿轧制方向伸长，在 γ 晶粒内部形成形变带，因此不仅由于晶界面积的增加提高了 α 的晶核密度，而且也在形变带上出现大量的 α 晶核，进一步促进了 α 晶粒的细化。

（3）在 A_{r3} 点以下的（$\gamma + \alpha$）两相区控制轧制时，未相变的 γ 晶粒更加伸长，在晶内形成形变带。同时，已相变的 α 晶粒受到压下时在晶体内形成亚结构。在轧后的冷却过程中，前者发生相变形成多边形晶粒，后者回复变成内部含有亚晶粒的 α 晶粒，形成大倾角晶粒和亚晶粒的混合组织。

（二）控制轧制工艺要求

影响钢材强韧性能的主要因素有晶粒的大小，珠光体的数量、大小及分布，Nb、V、Ti 等合金元素的作用等。细化晶粒是提高钢材强韧性能的主要因素，在制订控制轧制方案时必须注意轧制工艺参数的控制，包括加热和轧制温度、变形和冷却速度、变形程度以及轧制道次间隙和急速冷却开始时间等。

（1）加热温度的控制要看钢中是否含有特殊元素。对含铌钢当加热到1050℃时由于微量元素的化合物开始分解和固溶，奥氏体晶粒开始长大。至1150℃时晶粒长大比较均匀，为了使加工后的钢材具有细小和均匀的晶粒，可以加热至此温度。在1050℃时晶粒大小不均易产生混晶，而至1200℃或以上则晶粒过分长大加工后难以细化。对不含特殊元素的普通钢由于没有微量元素化合物的固溶问题，可以把加热温度下降到 γ 细晶粒区的1050℃以下。

（2）轧制温度是由所采用的控制轧制类型而定。在奥氏体区轧制时，终轧温度越高，奥氏体晶粒越粗大，转变后的铁素体晶粒也越粗大，并易出现魏氏体组织，对钢的性能不利。因此，一般要求终轧温度尽可能接近奥氏体开始转变温度，起到类似于正火的作用。对一般低碳结构钢约在830℃或更低些。对含 Nb 钢由于 A_{r3} 下降到720℃左右，故终轧温度可控制在750℃附近。

（3）变形程度控制的原则是在奥氏体区轧制时道次变形量要大于临界压下量，尤其在动态再结晶区间，否则将产生混晶。混晶形成的原因是由于变形后经过再结晶的晶粒比未经再结晶的晶粒软，再继续变形则软的晶粒不断发生再结晶，而硬的晶粒就难以进行，最后形成晶粒大小不等产生混晶。对含 Nb 钢在未再结晶区（750～950℃）间的总变形量一般要求≥50%，最好接近70%。

（4）控制冷却速度，钢材可以得到不同的组织和性能。钢材在轧后除了空冷外，还可以采用吹风、喷水、穿水等不同冷却方式。

总之，控制钢的强韧化性能取决于轧制条件（加热温度、压下率分配、终轧温度）和水冷条件（开始温度、冷却速度、停止温度）所引起的相变，析出强化，固溶强化以及加工铁素体回复程度等因素，尤以轧制条件和水冷条件对相变行为的影响最大。

有两种方法可用来确定变形后奥氏体是否发生了再结晶和再结晶的数量。一种是热拉伸法，另一种是金相法。后者是将变形后的材料，置于冰盐水中淬火，使变形奥氏体转换为马氏体，然后通过磨样、浸蚀，将淬火前的 γ 晶界显示出来。根据 γ 晶粒的形貌来判断和确定奥氏体再结晶的数量。

（三）晶粒大小的测定方法

奥氏体晶粒的测定包括两个步骤：奥氏体晶粒的显示和奥氏体晶粒大小的测定或评级。奥氏体晶粒的显示，常用的方法有渗碳体网法，铁素体网法、氧化法、屈氏体网法和直接浸蚀法。本实验采用直接浸蚀法。晶粒大小的测定或评级则采用定量金相的方法。

定量金相是利用点、线、面和体积等要素来描述显微组织的组织特征。把这些在二维平面上测得的数据，应用体视学中的基本关系式，再经过统计处理，可获得合金在三维空间的显微组织参数。下式是体视学基本公式之一，它表明在试样的任意截面上的显微组织中观察到的体积百分数是相等的。因此可通过测定 A_A、L_L 或 P_P 来确定体积百分数 V_V。

$$V_V = A_A = P_P = L_L$$

式中　V_V——体积百分数，在单位测量体积中，测量对象占的体积；

A_A——面积百分数，在单位测量面积中，测量对象占的面积；

P_P——在单位测试总点数中，测量对象的点数与总点数之比；

L_L——在单位测试线长度上，测量对象所占线段的百分数。

基于以上原理，本实验晶粒度的测定采用截距法。对形状不规则的晶粒，常采用平均截距来表示晶粒的直径。平均截距是指在截面上任意测试线穿过每个晶粒长度的平均值。当测量的晶粒数足够多时，二维截面上晶粒的平均截距等于三维空间晶粒的平均截距。

首先注意选择合适的放大倍数，以保证直径为80mm视场内不少于50个晶粒。然后选具有代表性的视场，在选好的视场上，计算被一条直线相交截的晶粒数目 n。要求直线具有足够的长度 l'，以便与直线相交截的晶粒不少于10个。计算时，直线端部未被完全交截的晶粒应以一个晶粒计算；直线与两个晶粒的晶界重合时，应以一个晶粒计算。

若使用的显微镜放大倍数为 M，截取的晶粒数为 n，则平均截距 l 可用下式计算：

$$l = \frac{l'}{n \cdot M}$$

这样的测量至少要在三个视场中分别进行一次，即得到晶粒数 n_1、n_2、n_3，最后用三次相

交截的晶粒总数除三次选用的直线总长度 L（mm），得出平均截距 l（mm），即

$$l = \frac{L}{N} = \frac{3l'}{(n_1 + n_2 + n_3) \cdot M}$$

用平均截距值 l 同表 24-1 中的相应数据进行比较，确定钢的晶粒度级别。在放大 100 倍情况下，也可利用下式计算晶粒度级别 G：

$$G = -3.2877 - 6.6439 \lg l$$

表 24-1　晶粒度级别确定对照表

晶粒度号	计算晶粒平均直径 /mm	平均截距 /mm	一个晶粒的平均面积 /mm²	在 1mm² 中晶粒的平均数量
-3	1.000	0.886	1	1
-2	0.707	0.627	0.5	2
-1	0.500	0.444	0.25	4
0	0.353	0.313	0.125	8
1	0.250	0.222	0.0625	16
2	0.177	0.157	0.0312	32
3	0.125	0.111	0.0156	64
4	0.088	0.0783	0.0078	12
5	0.062	0.0553	0.0036	25
6	0.044	0.0391	0.00195	51
7	0.031	0.0267	0.00098	1024
8	0.022	0.0196	0.00049	2048
9	0.0156	0.0138	0.000224	4096
10	0.0110	0.0098	0.000122	8192
11	0.0078	0.0069	0.000061	16384
12	0.0055	0.0049	0.000030	32768

三、实验设备、工具及材料

（1）实验轧机、高温加热炉。

（2）红外测温仪、记时秒表、游标卡尺、千分尺。

（3）金相制样设备（砂轮机、切片机、抛光机等）。

（4）金相显微镜。

（5）钢试样 6 块。

（6）浸蚀试样所需的化学药品及设备。

四、实验方法与步骤

（一）试样轧制

将同一厚度的两组试样，每组 3 块放入高温加热炉内加热到所要求的温度，然后分别取出，在同一加热温度、同一轧制温度、同一轧后停留时间下，以不同的压下量进行轧制（两组

试样压下量对应相等）。一组试样轧后空冷，一组试样轧后按规定的时间在盐水中淬火。本实验用出炉后至轧制时的间隙时间来控制轧制温度。

（二）金相试样置备

轧后试样在切片机上截取其中间部分，沿轧制方向切取试样，以观察试样纵向截面上的组织。切好的试样用砂纸、抛光机抛光后进行浸蚀。

淬火试样采用合适的浸蚀剂直接浸蚀，以显示原奥氏体晶粒晶界。溶液的制备及具体浸蚀方法由指导教师现场指导，对于大多数钢种淬火回火状态的原奥氏体晶粒显示常采用饱和苦味酸水溶液＋适量洗涤溶剂＋少量酸。只要适当改变酸的种类和调整微量酸的加入就可获得良好的显示效果。空冷组织采用一定浓度的硝酸酒精擦拭试样表面，以显示铁素体和珠光体组织。

（三）晶粒度测定

晶粒大小是一个重要的组织参数，可以用晶粒的平均直径或面积来表示，也可以用标准的晶粒级别来评定。本实验用截距法测定晶粒度。对六块试样分别在三个视场中进行测定，确定晶粒度级别。

五、实验数据表格

表 24-2　实验数据记录

试样号	加热温度	轧制温度	停留时间	压下量	冷却方式	n_1	n_2	n_3	l	晶粒度号
1										
2										
3										
4										
5										
6										

六、实验报告要求

（1）本实验要求在 4 个学时内完成。每 6 个同学为一组，每个同学负责一块试样的加热、轧制、抛光、浸蚀，然后按实验原理中的 2 对全组同学的 6 块试样进行显微观察。

（2）根据实验结果绘出再结晶图及 γ 尺寸与 γ/α 关系图，对实验结果进行分析，写出实验报告。

实验 25　电参数测定法建立典型
轧制工艺参数数学模型

一、实验目的

本实验通过让学生去研究、分析和建立典型轧制工艺数学模型，使学生在工艺参数测试、实验数据处理和综合分析建模方面得到一次全面的综合训练。

二、实验步骤和要求

（1）选择一个典型工艺参数作为建模对象，进行背景理论探讨。

（2）针对建模对象设计实验方案，进行可行性论证。注意现有设备的限制条件。

（3）从试样、实验设备、测试方法和仪器三方面进行准备。

（4）按照实验方案认真进行实验，仔细记录实验采集数据，注意分析实验结果，剔除误差的影响。

（5）选择计算方法，编制计算机程序。

（6）上机实际计算，建立数学模型。

（7）对所得结果进行综合性分析，写出实验报告。

三、实验设备条件

（1）双联实验轧机。

（2）万能材料实验机。

（3）动态电阻应变仪。

（4）计算机数据采集系统。

（5）功率表。

（6）转速测量仪器。

（7）压力传感器。

（8）计算机工作站。

四、范例：电参数法建立能耗模型

（一）能耗的理论基础

在轧制过程中，单位重量（或体积）轧件产生一定变形所消耗的功，称为能耗。轧制功理论是建立能耗模型的理论基础。

从一个单纯的压缩模型，如忽略压缩过程中加工硬化和摩擦的影响，不考虑弹性变形功，可以得到：

$$E = \bar{p} \ln \frac{H}{h}$$

式中　$\bar{p}$——平均单位压力；

　　　H、h——轧前和轧后坯料的厚度；

　　　E——能耗。

尽管该模型不具备应用价值，但是它可以告诉我们，凡是能够影响平均单位压力的因素，都影响能耗。所以能耗模型具有很强的条件性，在使用能耗模型时，一定注意这种条件性，不能生搬硬套。本范例旨在使同学掌握模型的建立方法。

（二）能耗模型的基本结构

模型结构反映轧制过程的内在规律，对实验数据的拟合精度有着本质的影响。确定模型结构包括两方面的工作：

首先是正确选取自变量。在选取自变量时，应根据专业理论知识，把影响本实验过程的主要因素作为自变量。一般情况下，选取的自变量个数越少，模型越容易建立。对比较复杂的轧制过程，用一个自变量不能很好反映过程特性，则需要考虑多个自变量。在这种情况下，则需要正确地确定各自变量之间的相互关系。

其次是正确确定模型的结构形式。对一个自变量的情况，只要正确做出实验数据的散点图，就可以较正确地确定合理的模型结构形式。但对于多个自变量的情况，必须根据所学的专业基础知识，或是参考理论模型结构，才能较正确地确定合理的结构形式。

由于能耗具有很强的条件性，工程上使用能耗模型大多数是以实测数据绘制的能耗曲线为依据的。常用公式模型形式有：$E = f(h)$ 和 $E = f(\lambda)$。如

$$E = \beta_0 (\lambda - 1) \beta_1$$

$$E = \frac{\beta_0}{(\beta_1 + h) + \beta_2}$$

有时也采用 $E = f(\ln\lambda)$ 二次曲线拟合公式：

$$E = \beta_2 (\ln\lambda)^2 + \beta_1 \ln\lambda + \beta_0$$

式中　　　λ——压下系数，$\lambda = H/h$；

　　　H、h——轧件入口和出口厚度；

β_0、β_1、β_2——实验待定参数。

（三）用电参数法测定能耗模型所需的数据

所谓电参数法是测定电机的电枢电流 I 和端电压 U，或直接测定电机的输出功率，并剔除空转能耗和摩擦能耗，得到轧制时的有功功率 N。同时，测量和记录轧件厚度 H_0 和轧件宽度 B_0，以及轧件出口厚度 h、轧辊转速 n 和轧机空转能耗 E_0（张力轧制时还要测定机架的前张力 Q_h 和后张力 Q_H）。

对板带钢来说，单位能耗曲线一般表示为每吨产品的能量消耗与板带厚度 h 的关系曲线。若某道次的单位能耗为 ΔE_i，则该道次总能耗为

$$A = \Delta E_i \cdot G = N \cdot t$$

故有

$$\Delta E_i = \frac{N \cdot t}{G}$$

式中　N——轧制时的有功功率；

　　t——轧制时间；

　　G——轧件重量。

测出每道次的 t_i、N_i、G_i、h_i，再计算出 ΔE_i，则可做出单位能耗实验曲线散点图（ΔE_i-h_i 关系曲线，用坐标纸）。将实验数据填入表 25-1。

在进行实验前，必须全面考虑影响目标量的各种因素。在变量较多的情况下，采用回归设计的方法制订最优的实验方案。

在进行实验时，严格保持实验条件稳定，精心操作，详细记录，对所获得的实验数据正确

判断、筛选和分析，最终整理出图表。

（四）建立能耗模型

（1）根据原始数据和实验数据，进行数据处理，算出道次能耗和累计能耗值。

根据测定的道次单位能耗 ΔE_i，计算道次累计能耗

$$E = \sum_{i=1}^{n} \eta \cdot \Delta E_i \cdot G$$

式中　η——轧机传动效率。

实测能耗包含有空转能耗和摩擦能耗，因此在能耗累计时要将其扣除。

（2）选择模型结构型式，应用回归方法或最优化方法来确定模型参数。

采用 $E = f(\ln\lambda)$ 二次曲线拟合公式：

$$E = \beta_2 (\ln\lambda)^2 + \beta_1 \ln\lambda + \beta_0$$

方法1：计算伸长率 λ_i 的对数值 $\ln\lambda_i$，将其值和每道次累计能耗 E_i 的数据输入 ORIGIN，在 PLOT 菜单中选择 LINE 命令，绘出曲线图，在 FIT 菜单中选择 Polynomial Regression 命令，选择拟合次数为2，由其确定多项式系数，写出能耗模型。

伸长率

$$\lambda_i = \frac{H_0}{h_i}$$

方法2：运用 MATLAB 对实验数据进行处理，应用多项式回归分析方法来确定模型中的最佳参数，建立能耗模型，并对模型进行校核和修正。

五、实验数据表格

表 25-1　实验数据记录

道次	h_i	λ_i	$\ln\lambda_i$	N_{1i}	N_{2i}	N_{01i}	N_{02i}	N_i	n_i	L_i	t_i	E_i	ΔE_i
1													
2													
3													
4													
5													
6													
7													
8													
10													
D:		d:		G:		H_0:		η:		f_1:			

六、实验报告要求

（1）实验方案与原理。

（2）实验数据，绘制散点图。

（3）测量误差分析。

（4）欲建模型的理论探讨。

（5）给出拟合的模型及拟合曲线。

（6）所建模型的分析。

实验 26　凸模及凸缘模柄计算机辅助设计

一、实验目的

（1）利用 AutoCAD 进行凸模零件图设计及标注尺寸，熟悉图块的应用，了解 DXF 图形交换文件的功能。

（2）编写绘制凸缘模柄图形的 LISP 程序，熟悉应用 Auto LISP 语言自定义函数，对数据进行处理和作图，进行参数化编程。

二、AutoCAD 及 LISP 语言简介

CAD 以计算机为主要工具处理产品设计各个阶段的知识、数据和图形信息，并与 CAM 为一体，以实现产品设计和制造过程的自动化，缩短产品的设计周期，提高产品的设计质量。AutoCAD 可定义点、线、弧、圆等基本图形元素，具有标注尺寸、文本说明、画剖面线、图块插入建立图库、构造复杂图形、编辑图形、三维实体造型等功能。AutoCAD 还提供了高级语言的接口，用户可以用高级语言编制自己的应用程序，直接调用 AutoCAD 的命令，也可以用高级语言编写 AutoCAD 的宏命令，根据自己的需要进行二次开发。

Auto LISP 语言是一种嵌在 AutoCAD 内部的 LISP 编程语言，它综合了人工智能高级语言 LISP 的特性和 AutoCAD 强大的绘图编辑功能的特点，目的是为了使用户充分利用 AutoCAD 进行二次开发。利用 Auto LISP 可以直接增加和修改 AutoCAD 命令，可以实现对当前图形数据库的直接访问和修改，可随意扩大图形编辑修改功能，并结合各国标准建立大量标准件、非标准件的图形库和数据库，利用它可开发"MECAD 机械零件 CAD 软件包"、"GTS 图形开发工具"、"模架图形库"、"冷冲模 CAD"等应用软件。Auto LISP 开发 AutoCAD 的一个典型的也是最重要的应用就是实现参数化绘图程序设计。工程上要绘制一个几何图形，必须要给出充分而必要的尺寸，这些尺寸就是决定该几何图形形状和大小的绘图参数。参数化绘图程序就是根据这些可变参数编写出可生成相应图形的程序。

三、实验内容及要求

（一）凸模零件图设计及标注尺寸

（1）由于凸模（见图 26-1）是模具的成型零部件，它的尺寸精度必须满足成型产品尺寸精度要求，具有相当高的加工精度，因此在设计时应根据加工精度等级和相应尺寸确定尺寸极

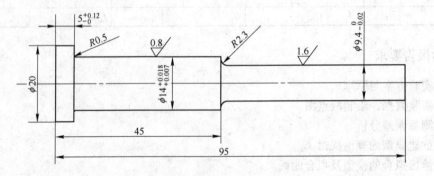

图 26-1　凸模

限偏差。

（2）在尺寸标注时，对尺寸参数进行设置，应按要求进行相应的公差标注。

（3）凸模的表面光洁度高低直接影响成型产品的表面质量，凸模表面通常采用磨削加工，有时进行研磨、抛光处理，因此在设计时应根据成型产品的表面质量选择合理的表面光洁度。

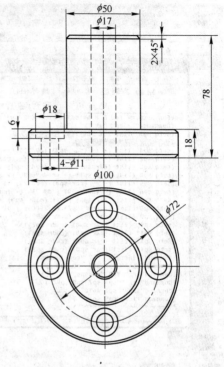

（4）绘制表面光洁度时，应用属性块定义和插入。

（5）了解和掌握图形交换文件的结构与格式，实现图形数据的交换。

（二）绘制凸缘模柄图形的 LISP 程序编写

用 Auto LISP 编写绘制如图 26-2 所示凸缘模柄的程序，尺寸标注略。凸缘模柄是模具中常用的一个零件，虽然不同的模具所要求的凸缘模柄的形状相近或一致，但是尺寸是不一样的，而 Auto LISP 开发 AutoCAD 的一个典型的也是最重要的应用就是实现参数化绘图程序设计。因此，在设计这一零件时，可利用 LISP 语言进行自定义函数、定义变量，对数据进行处理，利用尺寸可变参数编写出可生成相应图形的程序。

图 26-2　凸缘模柄

四、实验设备

（1）硬件：微机。

（2）操作系统：WINXP/WIN2000。

（3）软件：AutoCAD 2002/AutoCAD 2004。

五、实验步骤

（一）设计并绘制凸模零件图，标注基本尺寸

（1）根据成形制品要求，确定合理的加工精度和表面光洁度。

（2）利用"Layer"、"Line"、"Chamfer"、"Mirror"等命令绘制凸模图形。

（3）根据尺寸及公差类型，设置四种尺寸类型，通过"Dimension"→"Style"设置，利用"Dimension"命令标注基本尺寸及相应的公差。

（4）用"Make Block"命令创建粗糙度属性块，再用"Insert"插入，完成粗糙度绘制。

（5）用"DXF"后缀文件存盘，初步了解"DXF"图形交换文件的功能，并用存盘文件通过接口输入到其他商业软件中。

（二）编写绘制凸缘模柄图形的 LISP 程序

（1）通过 AutoCAD 界面中的"Tools"→"Auto LISP"→"Visual LISP 编辑器"，打开编辑器窗口，见图 26-3。

（2）在编辑器窗口编写 LISP 程序。

（3）程序编写完成后，用"Visual LISP"中的"工具"命令进行调试，检查程序是否存

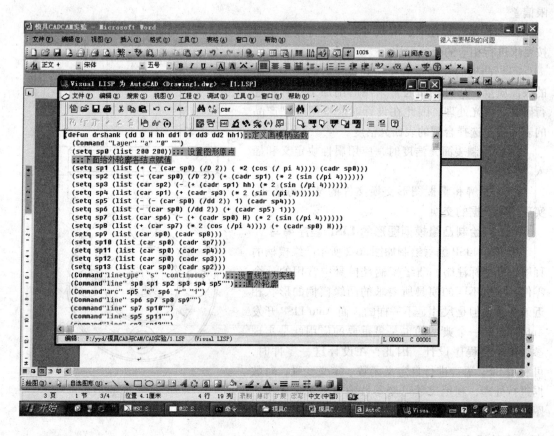

图 26-3　Visual LISP 编辑器窗口

在问题。

（4）程序检查没有问题后，通过"File"→"Save as"存储为"＊.lsp"文件。

（5）由 AutoCAD 界面中的"Tools"→"AutoLISP"→"Load"命令加载所存储的"＊.lsp"文件。

（6）通过表对调用自定义函数及有关的实参（注意此时自定义中的形式参数一定要变为实参），具体调用方式为：

在 AutoCAD 界面的 Command 命令中输入：（自定义函数名实参1、实参2……），具体到本实验就是：（shank 50.0 100.0 78.0 18.0 17.0 72.0 11.0 18.0 6.0）。

输入以上表对后，AutoCAD 界面就出现了相关实参所决定的图形如图 26-4 所示。

（7）输入不同实参，（shank 30.0 70.0 50.0 18.0 15.0 50.0 8.0 14.0 7.0），观察输出结果变化情况如图 26-5 所示。通过以上两图的比较，认真体会 AutoLISP 语言在参数化程序中的应用。

（8）绘制凸缘模柄图形的 LISP 参考源程序如下：

（defun shank（dd D H hh dd1 D1 dd3 dd2 hh1）;;;定义画模柄函数

（setq sp0（list 200 200））;;;设置图形原点

;;;下面给外轮廓各结点赋值

（setq sp1（list（ + （ - （car sp0）（/D 2））（ ＊2（cos（/pi 4））））（cadr sp0）））

（setq sp2（list（ - （car sp0）（/D 2））（ + （cadr sp1）（ ＊2（sin（/pi 4））））））

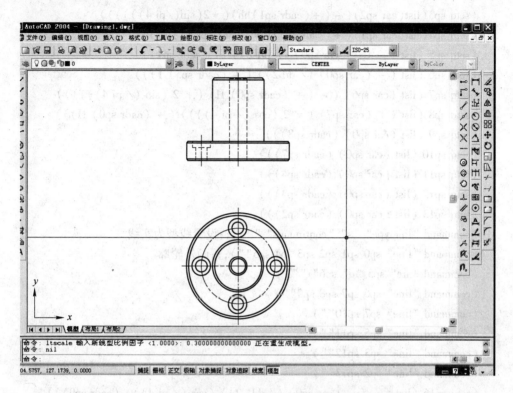

图 26-4　用 LISP 语言编写的绘制凸缘模柄零件图的结果之一

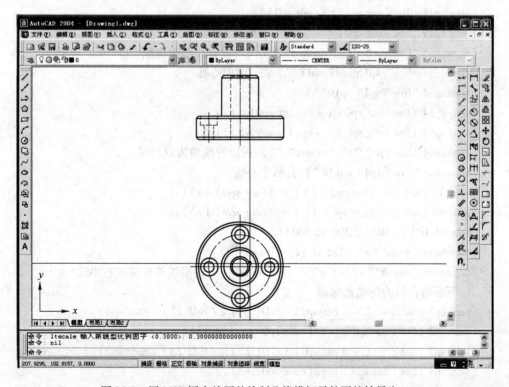

图 26-5　用 LISP 语言编写的绘制凸缘模柄零件图的结果之二

```
( setq sp3 ( list ( car sp2 ) ( - ( + ( cadr sp1 ) hh ) ( * 2 ( sin ( /pi 4 ) ) ) ) ) )
( setq sp4 ( list ( car sp1 ) ( + ( cadr sp3 ) ( * 2 ( sin ( /pi 4 ) ) ) ) ) )
( setq sp5 ( list ( - ( - ( car sp0 ) ( / dd 2 ) ) 1 ) ( cadr sp4 ) ) )
( setq sp6 ( list ( - ( car sp0 ) ( / dd 2 ) ) ( + ( cadr sp5 ) 1 ) ) )
( setq sp7 ( list ( car sp6 ) ( - ( + ( cadr sp0 ) H ) ( * 2 ( sin ( / pi 4 ) ) ) ) ) )
( setq sp8 ( list ( + ( car sp7 ) ( * 2 ( cos ( / pi 4 ) ) ) ) ( + ( cadr sp0 ) H ) ) )
( setq sp9 ( list ( car sp0 ) ( cadr sp8 ) ) )
( setq sp10 ( list ( car sp0 ) ( cadr sp7 ) ) )
( setq sp11 ( list ( car sp0 ) ( cadr sp4 ) ) )
( setq sp12 ( list ( car sp0 ) ( cadr sp3 ) ) )
( setq sp13 ( list ( car sp0 ) ( cadr sp2 ) ) )
( command "linetype" "s" "continuous" "" ) ;;;设置线型为实线
( command "line" sp0 sp1 sp2 sp3 sp4 sp5 "" ) ;;;画外轮廓
( command "arc" sp5 "e" sp6 "r" "1" )
( command "line" sp6 sp7 sp8 sp9 "" )
( command "line" sp7 sp10 "" )
( command "line" sp5 sp11 "" )
( command "line" sp3 sp12 "" )
( command "line" sp2 sp13 "" )
( setq sp16 ( list ( - ( - ( car sp0 ) ( / dd1 2 ) ) ( cos ( / pi 4 ) ) ) ( cadr sp9 ) ) )
( setq sp17 ( list ( - ( car sp0 ) ( / dd1 2 ) ) ( - ( cadr sp16 ) ( sin ( / pi 4 ) ) ) ) )
( setq sp18 ( list ( car sp17 ) ( cadr sp0 ) ) )
( setq sp19 ( list ( car sp0 ) ( - ( cadr sp16 ) ( sin ( / pi 4 ) ) ) ) )
( command "linetype" "s" "dashed" "" ) ;;;设置线型为虚线
( command "line" sp16 sp17 sp18 "" ) ;;;画中心孔
( command "line" sp17 sp19 "" )
( setq sp14 ( list ( car sp0 ) ( - ( cadr sp0 ) 5 ) ) )
( setq sp15 ( list ( car sp0 ) ( + ( cadr sp9 ) 5 ) ) )
( command "linetype" "s" "center" "" ) ;;;设置线型为点划线
( command "line" sp14 sp15 "" ) ;;;画中心线
( setq w1 ( list ( - ( car sp2 ) 1 ) ( - ( cadr sp0 ) 1 ) ) )
( setq w2 ( list ( + ( car sp9 ) 1 ) ( + ( cadr sp9 ) 1 ) ) )
( setq x1 100 y1 100 x2 300 y2 500 )
( command "zoom" "w" ( list x1 y1 ) ( list x2 y2 ) )
( command "mirror" "w" w1 w2 "" sp14 sp15 "" ) ;;;镜像外轮廓的右半边
;;;下面给台阶的各结点赋值
( setq sp1 ( list ( - ( - ( car sp0 ) ( / D1 2 ) ) ( / dd3 2 ) ) ( cadr sp0 ) ) )
( setq sp2 ( list ( car sp1 ) ( + ( cadr sp0 ) ( - hh hh1 ) ) ) )
( setq sp3 ( list ( - ( - ( car sp0 ) ( / D1 2 ) ) ( / dd2 2 ) ) ( cadr sp2 ) ) )
( setq sp4 ( list ( car sp3 ) ( + ( cadr sp0 ) hh ) ) )
( setq sp5 ( list ( - ( car sp0 ) ( / D1 2 ) ) ( cadr sp4 ) ) )
```

```lisp
(setq sp6 (list ( - (car sp0) (/ D1 2)) (cadr sp2)))
(setq sp7 (list ( - (car sp0) (/ D1 2)) (cadr sp1)))
(setq sp8 (list ( - (car sp0) (/ D1 2)) ( - (cadr sp7) 3)))
(setq sp9 (list ( - (car sp0) (/ D1 2)) ( + (cadr sp5) 3)))
(command "linetype" "s" "dashed" "");;;设置线型为虚线
(command "line" sp1 sp2 "");;;画台阶孔
(command "line" sp3 sp4 "")
(command "line" sp3 sp6 "")
(command "linetype" "s" "center" "")
(command "line" sp8 sp9 "")
(setq w1 (list ( - (car sp4) 1) (cadr sp9)))
(setq w2 (list ( + (car sp8) 1) (cadr sp8)))
(command "mirror" "w" w1 w2 "" sp8 sp9 "");;;镜像台阶孔的右半边
(setq spc(list 200 100));;;设置俯视图的中心点
(command "linetype" "s" "continuous" "");;;设置线型为实线
(command "circle" spc (/ dd 2.0));;;画俯视图
(command "circle" spc ( - (/ dd 2.0) 2))
(command "circle" spc (/ dd1 2.0))
(command "circle" spc ( - (/ dd1 2.0) 1))
(command "circle" spc (/ D 2.0))
(command "circle" spc ( - (/ d 2.0) 2))
(setq sp1 (list (car spc) ( + (cadr spc) (/ D1 2))))
(setq sp2 (list (car spc) ( - (cadr spc) (/ D1 2))))
(setq sp3 (list ( + (car spc) (/ D1 2)) (cadr spc)))
(setq sp4 (list ( - (car spc) (/ D1 2)) (cadr spc)))
(setq sp5 (list ( + (car spc) (/ D 2) 5) (cadr spc)))
(setq sp6 (list ( - (car spc) (/ D 2) 5) (cadr spc)))
(setq sp7 (list (car spc) ( + ( + (cadr spc) (/ D 2)) 5)))
(setq sp8 (list (car spc) ( - ( - (cadr spc) (/ D 2)) 5)))
(command "circle" sp1 (/ dd2 2))
(command "circle" sp1 (/ dd3 2))
(command "circle" sp2 (/ dd2 2))
(command "circle" sp2 (/ dd3 2))
(command "circle" sp3 (/ dd2 2))
(command "circle" sp3 (/ dd3 2))
(command "circle" sp4 (/ dd2 2))
(command "circle" sp4 (/ dd3 2))
(command "linetype" "s" "center" "")
(command "line" sp5 sp6 "")
(command "line" sp7 sp8 "")
(command "circle" spc (/ D1 2))
```

```
( command "zoom" "e" )
( command "ltscale" 0. 3) ;;;线型全局比例设置
)
```

六、实验报告要求

（1）画出凸模零件图并标注尺寸及公差、粗糙度。

（2）在 AutoCAD 界面得出用 LISP 语言编写的绘制凸缘模柄零件图。

实验 27 数控铣削加工计算机仿真

一、实验目的

（1）熟悉数控铣削加工的基本工艺过程。

（2）掌握数控铣削加工编程技术。

（3）扩展计算机应用知识。

二、实验原理

数控铣削是一种典型的数控加工方式，它是将被加工零件信息，加工的工艺参数等，按规定的指令格式记录在控制介质上，通过数控机床的控制系统对控制介质上的信息进行运算并发出指令控制机床运动，加工出所需零件。数控加工具有高度自动化程度，稳定的加工精度，高生产率和便于计算机辅助等优点。相比普通机床加工更具有灵活性，数控加工可以通过修改程序而改变加工过程。

随着计算机技术的发展，通过仿真技术来模拟数控加工的全过程，可以避免因直接加工错误而造成的损失。

三、实验内容及要求

数控铣床加工最重要的环节是工艺安排和编程，前者反应了零件加工的要求，后者则是体现了对机床的控制。本实验要求使用者对数控加工的典型对象（平面类零件）、工艺装备（刀具）和影响加工质量的主要因素（工艺参数）的选择和匹配有一定程度的掌握，并能通过编程的方式最终实现加工。

（一）零件的选择

平面类零件是数控铣床加工的主要对象，其特点是：各个加工单元面是平面，或可展开为平面。通常平面类零件的几何形状为直线，圆弧及其连接，其加工只需三坐标数控铣床的两坐标联动即可。

（二）刀具的选择

铣削刀具的种类很多，本实验刀具库提供的立铣刀是常用模具铣刀。刀具的主要因素有形状、直径和刃长，并分别受不同的制约。通常选择刀具的依据是：

（1）根据零件被加工面的几何形状选择刀具种类，其中

1）零件侧面底端为平面时，选择平头铣刀；

2）零件侧面底端为圆弧连接时，选择圆头铣刀；

3）零件侧面底端为倾角时，选择锥头铣刀。

（2）根据零件的圆弧半径选择刀具直径，其中

1）零件二维平面最小圆弧半径为 R 时，刀具半径应不大于 R；

2）零件侧面与底端过渡圆弧半径为 R 时，刀具半径应等于 R。

（3）根据零件厚度选择刀具刃长，其中

1）以零件厚度为刀具刃长的下限，确保一次走刀完成加工；

2）以 2.5 倍刀具直径为刃长的上限，确保刀具的刚性。

（三）工艺参数

数控铣削的铣削用量要素主要包括铣削深度 α_p、铣削宽度 B、铣削速度 v_c、铣削进给量 f 和进给速度 v_f。加工时，根据加工条件选择 f，v_c，由 v_c 换算出转速 n，其关系为：

$$n = 1000\frac{v_c}{\pi D}$$

并由 f 与 n 得到 v_f，其关系为 $v_f = fn$。本实验提供了两种模具常用材料的加工参数供选择和比较。

（四）编制程序

编写加工程序均采用绝对坐标，原点为零件的长度对称中心，以原点（0，0）为对刀点。以零件1的加工程序为例，基本格式如表 27-1 所示。

表 27-1　基本格式

Nxxx	G01/02	G17/18	I	J	X	Y	Z	F	S	M02/03
001	01	17			−4600	−2600		2	1560	03
002		18					−2000	0.09		
003		17			2600	−2600				
004					2600	−2000				
005					1600	−2000				
006	02		400	0	2000	−1600				
007	01				2600	−1600				
008					2600	0				
009	03		−2600	0	0	2600				
010	01				−4600	2600				
011					−4600	−2600				
012		18					2000			
013		17			0	0				
014										02

（1）程序第一行第一 G 代码必为 G01，表示机床从对刀点行至下刀点的直线轨迹；

（2）程序第一行第二 G 代码必为 G17，表示刀具在 XY 平面内移动；

（3）程序第二行 F 代码值应与"进给量"一致；

（4）程序第一行 M 代码为 M03，表示主轴以顺时针旋转；

（5）程序第二行第二 G 代码必为 G18，表示刀具在 XZ 平面作下刀运动；

（6）程序第二行 Z 代码值应与零件厚度一致；

（7）程序第一行 S 代码值应与"转速"一致；

（8）程序倒数第三行第二 G 代码必为 G18，表示刀具在 XZ 平面作起刀运动；

（9）程序倒数第三行 Z 代码值应与零件厚度一致；

（10）程序倒数第二行第二 G 代码必为 G17，表示刀具在 XY 平面内移动；

（11）程序最后一行 M 代码为 M02，表示程序结束。

（五）刀位验证

根据 G 代码程序可生成零件加工的走刀轨迹给予刀具包络线，以判断程序编制的正误。

四、实验步骤

本实验软件采用向导式，请根据界面指示进行操作。

（1）选择典型平面零件（见图 27-1）进行实验。

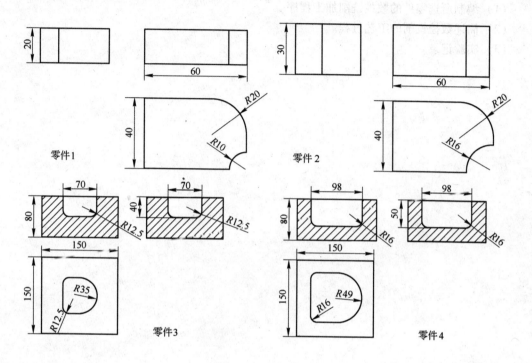

图 27-1　零件三视图

（2）在刀具选择中（见图 27-2），选择一把标准刀具，并根据可供参考数据库输入刀具参数，由程序判断正确后可继续。

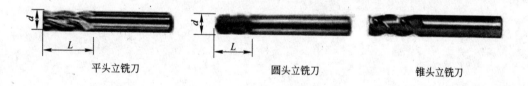

平头立铣刀　　　　　　　圆头立铣刀　　　　　　　锥头立铣刀

图 27-2　刀具图

（3）根据"工艺参数库"中可参考数据，输入切削用量，由程序判断正确后可继续。

（4）按给定格式输入数控加工程序，经基本格式校验正确后即可进入下一步。

（5）软件将自动按程序清单显示走刀轨迹，进行刀位验证。

（6）软件将自动给出曲面类零件的参数并进行切切演示。

五、实验设备

（1）硬件：计算机。

（2）操作系统：WIN98/WIN2000/WINXP。

（3）软件：数控铣削加工实验仿真软件。

（4）数控铣削车床。

六、实验报告要求

（1）编制所选零件的数控铣削加工程序。

（2）简述数控铣削的工艺过程。

（3）实验记录。

实验 28　角钢孔型计算机辅助设计

一、实验目的

（1）了解 AutoCAD 的功能与使用。

（2）利用 AutoCAD 完成角钢蝶式孔的绘制。

二、AutoCAD 软件简介

AutoCAD 软件是美国 Autodesk 公司推出的商业化绘图软件包。AutoCAD 为用户提供了极为友好的操作界面，用户界面主要包括：标题栏、菜单栏、工具栏、状态栏、绘图窗口、文本窗口、命令行窗口、十字光标等。

（一）菜单栏

AutoCAD 菜单栏为标准下拉式菜单。包括"文件"、"编辑"、"视图"、"插入"、"格式"、"工具"、"绘图"、"标注"、"修改"、"窗口"、"帮助"等 11 个选项。每个菜单项基本上都有相应的命令与其对应。选项菜单项（部分）的功能如下：

（1）文件（File）操作

新建（<u>N</u>）—新建图形文件。

打开（<u>O</u>）—打开图形文件。

保存（<u>S</u>）—保存图形文件。

另存为（<u>A</u>）—以另外的名字保存图形文件。

输出（<u>E</u>）—以其他文件格式保存图形文件（. bmp、. dwf、. wmf 等图形数据格式）。

打印（<u>P</u>）—打印图形。

（2）编辑（Edit）操作

放弃（<u>U</u>）—可以在绘图时退回到以前的任一步。

重做（<u>R</u>）—可以取消放弃命令产生的效果。

剪切（<u>T</u>）—将选定的图形进行剪切。

复制（<u>C</u>）—将选定的图形进行复制。

粘贴（<u>P</u>）—将已剪切或复制到剪贴板上的图形粘贴到指定的位置。

清除（<u>A</u>）—清除所选择的图形对象。

（3）视图（View）操作

重画（<u>R</u>）—重绘当前视区图形，去除痕迹。

重生成（<u>G</u>）—重生成当前视区图形，但与重画不同，重生成对图形的各线段、坐标重新计算，对数据库重新索引使之优化。

缩放（<u>Z</u>）—缩放显示图形。

平移（<u>P</u>）—移动图形对象。

（4）插入（Insert）操作

块（<u>B</u>）—可以在图形的任何位置插入图块。

外部参照（<u>X</u>）—进行外部引用操作，即把已有的图形文件像块一样插入当前图形。

光栅图像（<u>I</u>）—可以把很多格式的图片插入到 AutoCAD 图形文件中（包括. BMP、. TIF、. RLE、. JPG、. GIF 和. TGA 等文件格式）。

ACIS 文件（<u>A</u>）—读入一个 ACIS 格式的文件（扩展名为 . SAT）。

（5）格式（Format）操作

图层（<u>L</u>）—设置绘图的图层。

颜色（<u>C</u>）—为图形设置颜色。

线形（<u>N</u>）—设置线型并装载线型。

线宽（<u>W</u>）—设置线型的宽度。

文字样式（<u>S</u>）—设置文本格式。

标注样式（<u>D</u>）—设置尺寸标注格式。

图形界限（<u>A</u>）—设定绘图屏幕大小。

（6）工具（Tools）操作

显示顺序（<u>O</u>）—改变图形实体的显示次序。

查询（<u>Q</u>）—查询图形特性，如计算两点间距离、封闭区间面积等。

特性（<u>I</u>）—显示并改变图形特性。

运行脚本（<u>R</u>）—调用并执行脚本（类似批处理命令）文件。

显示图像（<u>Y</u>）—显示 . BMP、. TGA 或 . TIF 格式的图像文件。

自定义（<u>C</u>）—自定义菜单、工具栏与键盘。

选项（<u>N</u>）—用来进行 AutoCAD 环境设置。

（7）绘图（Draw）操作

直线（<u>L</u>）—绘制直线。

射线（<u>R</u>）—绘制射线。

矩形（<u>G</u>）—绘制矩形。

圆弧（<u>A</u>）—绘制圆弧。

圆（<u>C</u>）—绘制圆。

图案填充（<u>H</u>）—实现一个填充剖面样式对一个封闭的图形区域进行边界填充。

文字（<u>X</u>）—在图形的指定位置输入文字。

（8）标注（Dimension）操作

线性（<u>L</u>）—标注线性尺寸，包括水平方向的尺寸和垂直方向的尺寸。

半径（<u>R</u>）—标注圆或圆弧的半径。

直径（<u>D</u>）—标注圆或圆弧的直径。

角度（<u>A</u>）—标注实体之间的夹角。

连续（<u>C</u>）—把已存在的尺寸的第二条尺寸界限的起点作为新尺寸的第一条尺寸界限的起点，来连续标注尺寸。

（9）修改（Modify）操作

复制（<u>Y</u>）—复制图形实体。

镜像（<u>I</u>）—镜像拷贝实体。

移动（<u>V</u>）—用来移动图形。

旋转（<u>R</u>）—用来旋转图形。

缩放（<u>L</u>）—按给定比例因子缩放图形实体。

拉伸（<u>H</u>）—拉伸移动图形（必须使用窗口选择图形）。

拉长（<u>G</u>）—改变实体的长度及圆弧角。

修剪（<u>T</u>）—用来修剪图形实体。

打断（K）—将实体一分为二或删除实体的一部分。

倒角（C）—对实体倒直角。

圆角（F）—对实体倒圆角。

此外，可以从 AutoCAD 帮助文件中获得帮助。

（二）工具栏

尽管 AutoCAD 提供了丰富的菜单来方便用户的操作，但是有时使用起来可能仍然较为繁琐。为此 AutoCAD 将一些常用的命令以工具栏的形式提供给用户，它是一种替代命令或下拉式菜单的简便工具。

（三）命令行窗口

命令行是 AutoCAD 与用户进行交互式对话的地方，它用于显示系统的信息以及用户输入的信息。在早期版本中，命令行窗口是 AutoCAD 与用户的主要交互手段。随着图形用户界面的不断完善，AutoCAD 正在将用户的注意力从命令行逐步转向设计。在 AutoCAD2000 中，用户已经可以不依赖于命令行了。

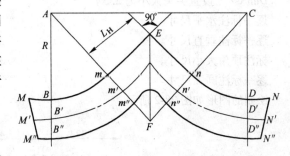

图 28-1　上轮廓线不变蝶式孔构成图

三、角钢蝶式孔绘制

图 28-1 为上轮廓线不变蝶式孔构成图。欲画蝶式孔型，首先要确定 A、B、C、D、E、F 各点的位置，计算 AC 线段的长度。为确定上述各点位置，画出辅助线 AE、CE，并计算其相应长度。

四、实验步骤

参考步骤如下：

打开 AutoCAD 进入绘图界面。

在"格式"菜单中点中"图层"设置绘图的图层。新建图层 1，并将其设为当前层，选择并加载线形为 ACAD_ISO08W100，颜色选择为"绿色"。

Units　　　设定十进制一位小数。

Ltscale　　设定线形比例为 1。

Limits　　　设定图幅为（180，120）。

Zoom　　　A。

Line　　　画水平中心线和上、下辊水平线。

Line　　　画垂直中心线，捕捉水平线中点画线并延长。

在"格式"菜单中点中"图层"设置绘图的图层。新建图层 2，并将其设为当前层，选择并加载线形为 Continuous，颜色选择为"青色"。将图层的线宽设置为 0.3mm。

Arc　　　分别画出左边 R26、R35、R44 三段实线弧。

Line　　　分别画出左边与三段实线弧相切的斜实线。

Line　　　分别画出左边与三段实线弧相连接的水平实线段。

Line　　　分别画出左边上辊孔型侧壁斜线与边端头直线。

Line　　　分别画出左边下辊孔型侧壁斜线与边端头直线。

Mirror　　以垂直中心线为轴做出左边图形的镜像。

在"格式"菜单中点中"图层"设置绘图的图层。新建图层3，选择并加载线形为Continuous，颜色选择为"黄色"。将图形的右半边设置为图层3。

Mirror　　仅打开图层2或图层3，以垂直中心线为轴作出图层2与图层3的另外一半图形的镜像。

仅打开图层2。

Fillet　　将孔型上下辊各连接处倒圆角。

在"格式"菜单中点中"图层"设置绘图的图层。新建图层4，并将其设为当前层，选择并加载线形为Continuous，颜色选择为"红色"。

Dimtxt　　设置尺寸文本高度为2.5。

DimAsz　　设置尖头大小为2.5。

逐一标注水平尺寸。

逐一标注垂直尺寸。

标注顶角大小尺寸。

逐一标注圆弧尺寸。

绘制的图形如图28-2所示。

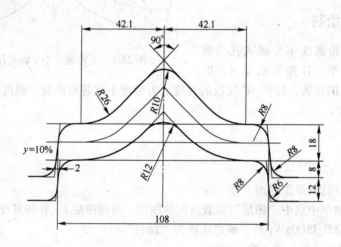

图 28-2　绘制的蝶式孔型图

五、实验报告要求

给出绘制的蝶式孔图形及所用步骤与命令。

实验 29　圆钢孔型计算机辅助设计

一、实验目的

（1）学会用 Visual Basic 高级语言进行编程。

（2）了解 CARD 软件的功能和特点，编制简单的圆钢孔型辅助设计软件（程序）。

二、Visual Basic 软件介绍

Visual Basic 是一种面向对象的高级编程语言，它是通过对对象的选择、组合、控制和过程代码的编制，完成编程工作。

（一）Visual Basic 的特点

（1）可视化的设计平台。开发人员不必为界面的设计编写大量程序代码，只需按照设计的要求用系统提供的工具在屏幕上画出各种对象即可。

（2）面向对象的设计方法。Visual Basic 作为一种面向对象的编程方法，把程序和数据封装起来作为一个对象，并为每个对象赋予相应的属性。

（3）结构化的设计程序。Visual Basic 是在 Basic 语言的基础上发展起来的，具有高级程序设计语言的语句结构，接近于自然语言和人类的逻辑思维方式。

（4）事件驱动的编程机制。Visual Basic 通过事件来执行对象的操作。例如命令按钮是一个对象，当用户单击该按钮时，将产生一个单击事件，而在产生该事件时执行一段程序，用来实现指定的操作。

（二）窗体与控件

窗体与控件是创建界面的基本构造模块。窗体（Form）是一块画布，在窗体上可以直观地建立应用程序。在设计程序时，窗体是"程序员"的工作台，在运行程序时，每个窗体对应于一个窗口。

控件有三种类型：（1）标准控件；（2）ActiveX 控件；（3）可插入对象。

控件以图形的形式放置于工具箱中，每种控件都有其对应的图标。标准控件有命令按钮（Command Button）、文本框（Text Box）、标签（Label）等。

（三）创建一个 Visual Basic 程序的步骤

应用 Visual Basic 开发应用程序时需要以下几个步骤：

（1）创建应用程序界面。

（2）设置属性。

（3）编写代码。

三、型钢 CARD 软件的功能和特点

型钢产品的品种不同，孔型系统不同，其 CARD 软件的功能也不相同。例如角钢、工字钢、槽钢、H 型钢，各有功能不同的 CARD 软件。但一般的 CARD 软件都具有设备参数、坯料规格、成品规格、钢种、轧制温度及轧辊材质的输入，轧件尺寸、孔型尺寸、轧制温度、连轧常数、力能参数及各种工艺参数的输出的功能。根据计算的孔型尺寸，绘制孔型样板图和配辊图。上述计算结果和绘制的图形还可输出到打印机上，最后打印出孔型参数表，轧制工艺参数表，孔型图和配辊图。

应用 Visual Basic 编出的 CARD 软件具有可靠性高，操作灵活，较符合人的思维方式等特点。

四、圆钢孔型辅助设计软件（程序）的编制

由于型钢 CARD 软件的功能强大，孔型设计中数学模型较多，选择较为复杂。但本实验仅以圆钢成品孔型设计为例，说明 CARD 软件（程序）的编写过程与方法。

（一）建立应用程序界面

新建一个工程。启动 Visual Basic 后，系统显示"新建工程"对话框，在对话框的选项卡中选择"标准 EXE"，然后单击"打开"按钮，即可开始设计应用程序。

添加控件。在窗体上画出代表各个对象的控件。这里需要的控件有框架（Frame）、命令按钮（Command Button）、文本框（Text Box）、标签（Label）、图形框（Picture Box）。建立好的程序界面见图 29-1。

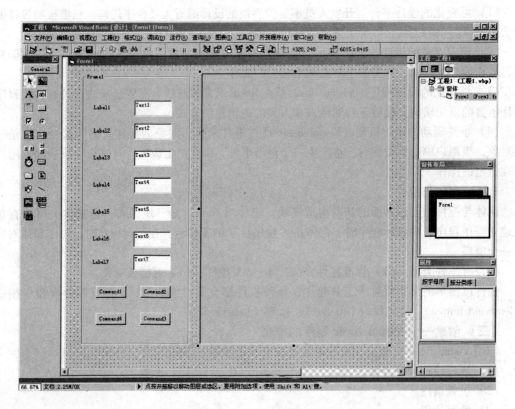

图 29-1　程序界面

（二）设置属性

将控件激活，在属性窗口中设置控件属性。如将 Command1 的 Caption 改为"计算"，将 Picture Box 的 BackColor 改为"窗口背景"等。图 29-2 为属性设置好的各控件。

（三）编写代码

应用程序代码在代码窗口中编写，双击需要编写代码的控件可弹出代码窗口。本实验为 Command1 ~ 3，即"计算"、"图形"、"清除"编写的代码如下：

Private Sub Command1_Click（）　　　　'孔型参数计算

```
Const pi = 3. 1415927
Dim d As Single, e As Single, q As Single, a0 As Single
d = Val （Text1. Text）：e = Val （Text2. Text）
q = Val （Text3. Text）：a0 = Val （Text4. Text）：s = Val （Text5. Text）
h = （d - （0.9 * e）） * q：r = h / 2
b = 2 * r * Cos （pi / 6） + 2 * （r * Sin （pi / 6） - s / 2） * Tan （pi / 6）
Text6. Text = h：Text7. Text = b
End Sub
Private Sub Command2_Click （ ）　　　'画孔型图
Const pi = 3. 1415927
Picture1. Cls
Picture1. ScaleMode = 6
Picture1. Scale （0, 0） - （60, 60）
x0 = 30：y0 = 30
a0 = Val （Text4. Text）：s = Val （Text5. Text）
h = Val （Text6. Text）：b = Val （Text7. Text）
r = h / 2：b1 = r * Cos （a0）：b2 = r * Sin （a0）　　　'画坐标轴
Picture1. Line （x0 - b / 2 - 5, y0） - Step （b + 10, 0）, 1
Picture1. Line （x0, y0 - h / 2 - 5） - Step （0, h + 10）, 1　　　'画孔型
Picture1. Line （x0 - b / 2, （y0 - s / 2）） - Step （-5, 0）, 1
Picture1. Line （x0 + b / 2, （y0 - s / 2）） - Step （5, 0）, 1
Picture1. Line （x0 - b / 2, （y0 + s / 2）） - Step （-5, 0）, 1
Picture1. Line （x0 + b / 2, （y0 + s / 2）） - Step （5, 0）, 1
a1 = a0：a2 = pi - a1：a3 = pi + a1：a4 = 2 * pi - a1
Picture1. Circle （x0, y0）, r, 1, a1, a2
Picture1. Circle （x0, y0）, r, 1, a3, a4
Picture1. Line （（x0 - b / 2）, （y0 - s / 2）） - （（x0 - b1）, （y0 - b2））, 1
Picture1. Line （（x0 - b / 2）, （y0 + s / 2）） - （（x0 - b1）, （y0 + b2））, 1
Picture1. Line （（x0 + b / 2）, （y0 - s / 2）） - （（x0 + b1）, （y0 - b2））, 1
Picture1. Line （（x0 + b / 2）, （y0 + s / 2）） - （（x0 + b1）, （y0 + b2））, 1
End Sub
Private Sub Command3_Click （ ）　　　'清除数据与图形
Text1 = " "
Text2 = " "
Text3 = " "
Text4 = " "
Text5 = " "
Text6 = " "
Text7 = " "
Picture1. Cls
End Sub
```

（四）程序的运行、保存

从"运行"菜单中选择"启动"可以运行程序。圆钢成品孔型设计运行结果见图 29-2。文件的保存可以通过"文件"菜单中的"保存工程"或"工程另存为"命令完成。

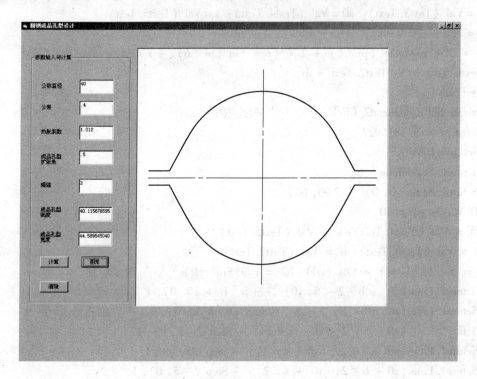

图 29-2　孔型设计运行结果

五、实验报告要求

（1）叙述 Visual Basic 程序的编制过程，型钢 CARD 软件的功能与特点。

（2）应用 Visual Basic 语言编制圆钢成品孔型的辅助设计软件（程序）。

实验 30　冲压模具设计

一、实验目的

掌握冲裁模具设计方法，并运用模具设计软件绘出冲裁模具图。

二、实验内容

（一）方案设计

（1）分析零件的结构特点，材料性能以及尺寸精度要求。

（2）制定冲裁工艺：根据零件结构的工艺性，结合工厂的冲压设备条件及模具制造技术，确定该工件的冲压工艺规程及相应工序的冲模结构形式。

（二）结构设计

在工艺方案设计和冲模结构形式确定基础上，设计冲压模具，绘制总装图和零件图。

（1）冲裁的工艺分析：分析冲裁件的结构形状，尺寸精度，材料是否符合冲压工艺要求，从而确定冲裁工艺。

（2）确定模具结构形式：正装、倒装落料模，落料、冲孔复合模。

（3）冲压模具参数设计计算：

1）冲裁压力；

2）压力中心；

3）模具刃口尺寸计算；

4）确定各主要零件的外形尺寸；

5）计算模具的闭合高度；

6）冲床选择。

（4）绘制冲模总装图。采用2D或3D设计软件设计冲裁模。2D平面图按三视图标准绘制，标注装配尺寸。冷冲模标准件数占50%以上，图表和技术要求等按国家标准执行。

（5）绘制非标准零件图。绘制主要非标设备零件图。

三、设计实例步骤

（一）冲裁件工艺分析

（1）材料：优质碳素结构钢08F，具有良好的冲压成形性能。

（2）结构形状：冲裁件内孔要尽量避免尖角，符合冲裁结构工艺性要求。

（3）尺寸精度：如图 30-1 标注公差尺寸，未标注尺寸按IT14级，查标准公差表。

（二）模具参数设计计算

（1）计算冲压力、卸料力；

（2）确定冲裁间隙，步进距离；

（3）冲模刃口尺寸计算；

（4）压力中心计算。

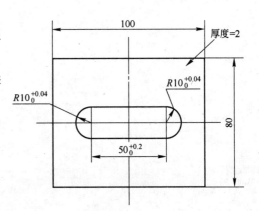

图 30-1　冲裁件尺寸与精度

（三）确定各主要零部件的结构尺寸

根据零件尺寸设计模具。

（四）冲模闭合高度校核

闭合高度条件 $H_{max} - 5 \geq H_m \geq H_{min} + 10$。

（五）压力机选用

（1）压力机的公称压力 P。

（2）工作台安装尺寸 $L \cdot B$。

（3）压力机工作行程 l。

（六）绘制总装图选取标准件

冲裁模具常用画法：

（1）主视图画法，上下模板、凸凹模装配结构；

（2）俯视图画法，脱去上模画下模；

（3）右上角画出冲裁件零件图及排样图，列出明细表。

（七）绘制非标准件零件图

（1）上下模座，凹模，卸料板，冲孔凸模，垫板。

（2）注意刃口尺寸的配合、加工的标注。

（八）使用软件

以二维进行模具设计。二维设计软件 AUTOCAD、CAXA，三维设计软件 SOLIDWORKS、UGS、PRO/E。

四、实验报告要求

给出工艺分析、模具参数计算的过程和结果，绘出所设计的模具零件图。

实验 31 金属轧制过程数值模拟

一、实验目的

在学习掌握有限元分析基本知识、基本理论和方法的基础上，通过三个单元（12h）的实际上机操作，熟悉 MSC. Autoforge 非线性分析软件的功能、分析步骤、前后处理、载荷工况和提交分析的参数设置定义，初步掌握使用该软件分析材料塑性成形问题的技能，并为日后使用其他商用有限元分析软件打下基础。

同学们必须在上机前熟悉商用有限元软件 MARC/Autoforge 的功能及菜单，了解参数设置和定义。

二、背景参数与要求

（一）上机模拟题目

题目：中厚板二辊粗轧第一道轧制过程数值模拟仿真。

已知参数如下：

轧辊直径：840mm，辊身长度：2500mm，转速：80rpm；

轧件入口厚度：180mm，宽度：1800mm，长度：1000mm；

轧制方式：纵轧，压下量：36mm（$\Delta H/H = 20\%$）；

轧件材质：C22；

开轧温度：1250℃（温度均匀）。

（二）要求

用有限元法对轧制过程进行 3D 弹塑性力学分析，并给出以下结果：

（1）轧制状态图；

（2）分析轧件最大宽展量 $\Delta B(\text{mm})$ 并给出稳定轧制时的相对宽展量 $\dfrac{\Delta B}{B} \times 100\%$；

（3）预估稳定轧制时的单位压力 p（MPa）；

（4）打印轧制力随时间的变化图，并指出最大轧制压力 $P_{\max}$（kN）。

三、上机步骤

（一）文件操作

在开机后，进入分析系统前，先在 D 盘下建立自己的子目录。子目录名必须为自己的学号，如你的学号为 029014145，则子目录名为 1。建立的方法是在桌面上双击"我的电脑"，建立新文件夹，然后将"新建文件夹"改为自己的子目录名（学号）。

（二）进入分析系统

用鼠标双击 MARC/Autoforge，进入分析系统的主菜单，然后选择三维力学分析。用鼠标左键点击 3-D ANALYSIS 中按钮 MECHANICAL 即可。进行上述操作后即进入三维力学分析的主菜单。

（三）前处理

1. 模型的几何描述

首先要确定成型系统有几个接触体。根据题目的性质，变形具有对称性（上下左右均对称），可取轧件横截面的 1/4 进行分析。这样，本系统可简化为三个几何体，即轧件（1/4）、上轧辊和推头。

进入分析系统后，当前的整体坐标系为系统默认的坐标系。可在图形区中见到 x、y、z 的方向。选定轧制方向为 z 方向，横向为 x 方向，而铅垂方向为 y 向，见图 31-1。

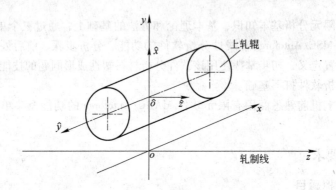

图 31-1　局部坐标与整体坐标间的关系

（1）轧辊的描述

轧辊是一个转动体，即这类几何体要绕自身轴线旋转。在 MARC 中规定：旋转轴一定是局部坐标的 $\hat{y}$ 轴。因此要完成对轧辊的定义，首先要进行局部坐标系 $\hat{o} - \hat{x}\hat{y}\hat{z}$ 的定义。局部坐标系由三点确定，即按如下顺序依次输入三个点的整体坐标值：

1）局部坐标系 $\hat{o} - \hat{x}\hat{y}\hat{z}$ 原点在整体坐标系 $o - xyz$ 中的坐标；

2）局部坐标 $\hat{x}$ 轴上一点在整体坐标系中的坐标；

3）局部坐标 $\hat{y}$ 轴上一点在整体坐标系中的坐标。

一般情况下，可取 $\hat{x} = \hat{y} = 1$。于是对本问题有如下三点：

$$(0, 492, 0)、(0, 493, 0) \text{ 和 } (-1, 492, 0)。$$

点击 MESH GENERATION，进入网格生成子菜单，即可进行几何描述。以下是轧辊几何描述的操作步骤：

```
MESH GENERATION
    SET
        ALIGN
                0,492,0  ⎫
                0,493,0  ⎬ 定义局部坐标系
               -1,492,0  ⎭
    RETURN
        CURVS TYPE
            LINE
    RETURN
        CURVS ADD
            point (420, -1250, 0)
            point (420, 1250, 0)
    REVOLVE
```

　　　　CURVES（选中刚生成的直线，再按鼠标右键即生成轧辊曲面）
SET
　　RESET（返回整体坐标系）
（2）轧件的描述

如前所述，轧件的变形具有对称性，因而可以取轧件横截面的 1/4 进行分析，如图 31-2 所示。

对工件生成有限元网格的方法有多种，本例采用转换-扩展法来生成。先在上轧辊正下方生成一个四边形（面），代表轧件的横截面（注意是轧件横截面的 1/4，这里不妨取处在第一象限的 1/4，如图 31-2 所示），然后将此 Quad 面转换为平面单元，再将这些平面单元向轧制的反方向（z 的负方向）扩展，生成三维实体单元，而这些实体单元就构成了轧件（坯料）。操作过程如下：

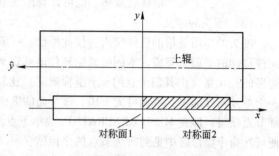

图 31-2 利用对称性取轧件横截面 1/4 建模

MESH GENERATIION
　SURFS TYPE
　　QUAD
　　RETURN
　SURFS ADD
　　point（0，0，0）
　　point（0，90，0）
　　point（900，90，0）
　　point（900，0，0）

（也可点击 PTS-ADD，通过键盘逐一生成 4 个点，然后点击 SURFS-ADD 后按顺序选取这 4 个点，即可生成一个 QUAD 面。这种方法的好处就是省去了在键盘上多次键入 point（）的操作）

　CONVERT
　　DIVISIONS
　　4，20（欲划分的网格密度，宽度方向 20 个单元、厚度方向 4 个单元）
　　SURFACS TO ELEMENTS
　　Surface（选中刚生成的四边形，即生成 20 × 4 个 Q4 单元）
　　EXPAND
　　　0，0，−20（向轧制反方向每次移动 20mm）
　　REPETITIONS
　　　50（扩展 50 次使轧件长度达到 1000mm）
　　ELEMENTS
　　ALL-EXIST
完成上述操作后，即生成了轧件（坯料），共 4 × 20 × 50 = 4000 个 8 节点六面体单元。
点击 SWEEP-NODES，以除去多余节点。
点击 RENUMBER 进行节点编码优化。
刚生成的轧件前端面处在变形区出口截面，必须进行 − z 方向的移动操作，将轧件前端移至变形区入口截面（咬入点位置）。移动的距离即为变形区长度。操作步骤如下：

```
MESH GENERATION
    MOVE
        TRANSLATIONS
            0, 0, -2
        ELEMENTS
        ALL-EXIST（可根据情况进行多次点击，直到将轧件前端移到所希望的位置，或者先
            粗移后微移。也可计算出变形区长度将轧件一次性移到指定位置）
```

（3）推头的定义

推头的作用是帮助轧件咬入，仅此而已。一般通过在轧件后端面处设置一个按预定速度 v_z 向前移动的平面来完成。本例可紧贴轧件尾部定义一个平行于轧件后端面的四边形。要求该四边形的长和宽（由其四个点的 x、y 坐标确定）比轧件的轮廓尺寸大，一般在 x、y 正负方向各大一个单元尺寸即可，本例可大 ±10。该平面的纵向位置由坐标 z 确定，而 z 可通过显示轧件尾部节点获得，即在 MESH GENERATION 菜单下点击 NODES-SHOW，再点轧件后端面任意节点，便可在命令操作区中见到所选节点的坐标值。

做出推头后，本成型系统所有几何体的描述就完成了。

2. 材料性质定义

前面对几何体进行了描述，也完成了轧件的离散化，生成了单元网格，但轧件是什么材质尚未定义。本例材料可从 MARC 材料库中选取，然后将材料性质施加到所有单元上。操作如下：

```
MAIN
    MATERIAL PROPERTIES
        READ
            C22（相当于20号钢）
        RETURN
        ELEMENTS-ADD
        ALL-EXIST
RETURN
```

3. 初始条件定义

本例的初始条件仅为初始温度条件，并视轧件为均匀温度场，操作如下：

```
MAIN
    INITIAL CONDITIIONS
        THERMAL
            TEMPERATURE
                ON
                TEMPERATURE
                    1250
                OK
            RETURN
        NODES-ADD
            ALL-EXIST
    RETURN
```

4. 边界条件定义

由于我们要完成的是力学分析，而不是热力耦合分析，不必考虑传热问题，故本例的边界条件仅为轧件对称面上的位移边界条件。定义过程如下：

MAIN

   BOUNDARY CONDITIONS

     MECHANICAL

       NEW

         NAME

         dis_x（在命令操作区键入 x 方向的位移边界条件名）

         FIX DISPLACEMENT

          X DISPLACE ON

         OK

       NODES-ADD

        （用 BOX 法选中对称面 1 上的所有节点，再按鼠标右键）

       NEW

         NAME

          dis_y（在命令操作区键入 y 方向位移边界条件名）

         FIX DISPLACEMENT

          Y DISPLACE ON

         OK

       NODES-ADD

      （用 BOX 法选中对称面 2 上的所有节点，再按鼠标右键）

5. 接触体的定义

本例有 3 个接触体。先定义轧件，后定义工具等其他接触体。

MAIN

   CONTACT

    NEW

      NAME

       billet（第 1 个接触体）

     WORKPIECE

     ELEMENTS-ADD

     ALL-EXIST

    NEW

      NAME

       roll（第 2 个接触体）

     RIGID TOOL

     FRICTION COEFFICIENT

       0.7（剪切摩擦模型，实际为摩擦因子）

     REFERENCE POINT

      0，492，0

     ADITIONAL PROPERTY

```
                    ROTATION（RAD/TIME）
                        8. 3776（由 80rpm 换算成 rad/s）
                    ROTATION AXIS
                        -1, 0, 0
                    OK
                NEW
                    NAME
                        push（第 3 个接触体）
                    RIGID TOOL
                        ADITIONAL PROPERTY
                            Z-velocity
                                1500（此速度按轧件速度估计，一般取轧速的 50%）
                    OK
                RETURN
```

6. 接触表定义

```
MAIN
    CONTACT
        CONTACT TABLE
            NEW
                CONTACT PROPERTY
                    （让轧辊和推头都与轧件接触）
        RETURN
```

至此，有限元分析模型已经建立。

（四）求解分析

1. 定义载荷工况

```
MAIN
    LOADCASE
        CONTACT TABLE
            ctable1    OK
        CONVERGENCE TESTING
            relative
            displacement    OK
        TOTAL LOADCASE TIME
            0. 4 +（班号 + 机位号）/1000
        #STEPS
            600
        FIXED TIME STEPS
            OK
```

2. 定义作业参数

```
MAIN
    JOBS
```

```
    JOB PROPERTIES
        lcase1
        INITIAL LOADS    OK
        CONTACT CONTROL
            DISTANCE TOLERANCE    0.25
            SHEAR
            DOUBLE SIDE
            RELATIVE SLIDE VELOCITY    5
            SEPERATION FORCE    0.1
            CONTACT TABLE    ctable1
            OK
        JOB PARAMETERS
            RESTART
                WRITE RESTART DATA
                INCREMENT FREQUENCY    100
                OK
            OK
    JOB RESULTS
        FREQUENCY    5
        stress
        strain
        el_strain
        pl_strain
        Equivalent Von Misis Stress
        Mean Normal Stress OK OK
```

　　3. 求解运行及过程监控

```
MAIN
    JOBS
        RUN
            SUBMIT1
                MONITOR
```

　　当完成 Loadcase 中规定的 Total time 或 Steps 后，则分析求解完毕，系统将退出。正常的退出代码为 3004。若分析中途退出，则为其他代码。

　　（五）后处理

　　打开结果文件（可以直接打开与模型文件同名的结果文件，文件扩展名为 .t16，也可用鼠标左键单击 open default，打开缺损结果文件），根据所分析问题的要求，确定绘图类型，即选择"路径绘图"还是"历史绘图"。

　　1. 参数分析

　　（1）轧制压力随增量步的变化。显然这是历史绘图，过程如下

```
RESULTS
    HISTORY PLOT
```

```
    COLLECT GLOBLE DATA
    NODES/VARIABLES
        ADD GLOBLE CRV
        INCREMENT
        FORCE Y ROLL
```
（在图形区中已生成轧制压力变化图，力单位为 N。需要注意的是，图上显示的压力值只是实际轧制压力的 1/2）

（2）轧件宽展分析。只要得出轧件边部节点的横向（x 方向）位移，便得到轧件的绝对宽展。显然这是路径绘图，过程如下

```
RESULTS
    PATH PLOT
        NODE PATH
            first node of the path
            second node of the path      OK
```
（按右键确认）

```
        VARIABLES
            ADD CURVE
            Arc Length
            Displacement X
```
（在图形区中已生成轧件边部横向位移图，单位为 mm）

横向位移量即为绝对宽展量。通过绝对宽展量不难求出相对宽展量（$\Delta B/B$）。

（3）轧件与轧辊接触应力分析。接触应力即为接触面上的 σ_y。变形区（从变形区入口到出口）内，在轧件与轧辊接触面上选择一条横向节点路径，分析应力 σ_y 沿该路径的变化，过程如下

```
RESULTS
    PATH PLOT
    NODE PATH
        first node of the path      （位于横向对称面上）
        second node of the path      （位于轧件边缘）
            OK
```
（按右键确认）

```
    VARIABLES
        ADD CURVE
        Arc Length
        Comp 22 of Stress
```
（在图形区中已生成 σ_y 沿轧件横向分布图，单位为 MPa）

2. 图形文件的生成

无论是历史绘图还是路径绘图，按上述步骤在图形区中生成的图形并不能直接打印输出，一般要先存为各种不同格式的图形文件，然后通过输出设备打印出来或插入到其他格式的文件中。生成的图形可在 PHOTOSHOP 下编辑。

生成图形文件的步骤如下：

```
UTILS
```
（静态菜单区中）

```
    SNAPSHORT
    PREDEFIND COLORMAPS 8
```
（图形背景反白）

```
    MS WINDOWS BMP 1
```
（拟将图形存为 bmp 格式的图形文件）

```
    T1    OK
```
（已在当前目录下将图形存为 T1. bmp）

3. 数据文件的生成

生成图形的数据可以拷贝出来，生成 file. dat 或 file. txt，然后到 Origin 下处理，生成图形。

四、实验报告要求

给出分析过程和计算步骤以及模拟计算结果和图形。

实验 32　钢管冷拔（短芯棒）过程数值模拟

一、拔制条件及参数

外模：苏式模，几何形状尺寸参数见图 32-1 和表 32-1。

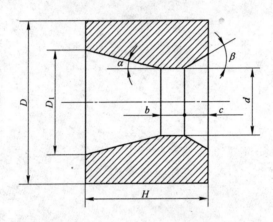

图 32-1　拔模尺寸示意图

表 32-1　拔模参数

参　数	d/mm	D/mm	H/mm	b/mm	c/mm	α/(°)	β/(°)	D_1/mm
数　值	63.5	175	60	6	7	12	30	84.83

内模：短芯棒，圆柱形，直径 53.5mm，长度 25mm。

接触面摩擦系数：$f = 0.1$。

母管截面尺寸：ϕ76mm×6mm，长度 300mm。

钢种：41Cr4。

组织状态：退火态。

拔制速度（稳态）：1000mm/s。

二、分析的基本要求

运用 MSC.SuperForm 对钢管冷拔过程进行弹塑性分析，并要求：

（1）确定拔后截面尺寸（精确到 0.01mm），分析壁厚变化。

（2）拔制力变化及其最大值（精确到 100N）。

（3）最大拔制应力（精确到 1MPa）。

（4）芯棒轴向力及变化特性分析（注：意义在于分析芯棒拉杆的受力及弹性伸长，分析钢管内表面抖纹缺陷的产生）。

（5）等效塑性应变沿壁厚的分布（分内外层和中间层）。

（6）壁厚内外层拉压变形特性分析。

（7）壁厚内外层残余应力水平。

三、分析扩展

（1）界面摩擦对拔制力的影响。

（2）界面摩擦对拔后钢管截面尺寸的影响。

四、提示

（1）属轴对称问题，作纯力学分析（非热力耦合）。

（2）对称轴为 x 轴且为拉拔方向。

（3）芯棒的位置自行确定，但须注意芯棒位置影响拔制力的大小。

（4）壁厚划分为四层单元，单元边长为 1.5mm，长度方向单元尺寸为 1mm。建模时不必考虑锤头部分。

（5）用边界条件定义拔制速度，即钢管前端节点以规定速度前进，而速度用表格定义。

（6）拔制时间（Total Loadcase Time）设定为 0.48s，2000 增量步，保证钢管尾部完全脱离拔模，否则无法分析残余应力。

五、分析步骤（仅供参考）

（一）分析前的准备工作

（1）在某一根目录下建立自己的文件夹：

tube_cold_draw

（2）确定分析类型：

JOB TYPE

Axisymmetric analysis

　　Mechanical

（二）前处理

1. 网格生成

（1）拔模的几何描述

1）外模构形。按题意确定拔模内孔纵剖面上几个固定点的坐标：

$P_i(x_i, y_i, 0)$

MESH GENERATION

　PTS-ADD

　　0，41.74，0（→P1）（注：这里"→"表示"生成了"）

　　47，31.75，0（→P2）

　　53，31.75，0（→P3）

　　60，35.79，0（→P4）

CRVS Type-Line

CRVS-ADD

　　P1　　G(ML)　　　（注：这里"G(ML)"表示在图形区内点击鼠标左键）

　　P2　　G(ML)　　　（→line1）

　　P2　　G(ML)

　　P3　　G(ML)　　　（→line2）

```
    P3    G(ML)
    P4    G(ML)    (→line3)
CRVS Type-composite
    line1    G(ML)
    line2    G(ML)
    line3    G(ML)
END-LIST(#) or G(MR)        (→composite curve,即外模)
SELECT
  CRVS-STORE
    Die(外模)
    composite line G(ML)
END LIST (#)
```

2)内模构形

```
MESH GENERATION
  PTS-ADD
    30. 5, 26. 75, 0    (→P1)
    53. 5, 26. 75, 0    (→P2)
    55. 5, 24. 75, 0    (→P3)
    55. 5, 22. 5, 0     (→P4)
CRVS-ADD
  P1    G(ML)
  P2    G(ML)    (→line1,即为内模工作面)
  P3    G(ML)
  P4    G(ML)    (→line2,即为内模前端面)
CRVS-TYPE-FELLET(画圆弧倒角)
    line1    G(ML)
    line2    G(ML)
    2        (Input data from keyboard)(生成线1和线2的连接圆弧 arc,半径为2)
CRVS Type-composite(生成复合曲线)
    line1    G(ML)
    line2    G(ML)
    arc      G(ML)
END-LIST(#) or G(MR)(→composite curve,即为内模)
SELECT
  CRVS-STORE
    Bar (内模)
    composite line G(ML)
    END LIST (#)
```

(2) 母管有限元网格

1) 单元生成

方法:先生成4个2节点线单元,然后扩展成面单元(对轴对称问题则为环单元)

NODES-ADD

  0 38.0 0 （→N1）

  0 36.5 0 （→N2）

  0 35.0 0 （→N3）

  0 33.5 0 （→N4）

  0 32.0 0 （→N5）

  Element Type-line(2)

ELEMS-ADD

  N1   G(ML)

  N2   G(ML) （→E1，生成第 1 个单元）

  N2   G(ML)

  N3   G(ML) （→E2）

  N3   G(ML)

  N4   G(ML) （→E3）

  N4   G(ML)

  N5   G(ML) （→E4）

EXPAND

  TRANSLATIONS

  －1 0 0   （x 负方向每次扩展 1mm）

  REPETITIONS

    300   （向 x 负方向扩展 300 次）

  ELEMENTS-VISIB

 SELECT

  ELEMENTS-STORE

  Tube

  VISIB

  SWEEP-REMOVE-UNUSED NODES(除去多余节点)

  FLIP ELEMENTS-ALL EXIST

  MOVE(移动母管，使其与外模接触)

    TRASLATIONS

    19，0，0(使母管向 x 正向移动 19mm)

      ELEMENTS

ALL-EXIST（#-）

  2）单元集合的定义

在工件的有限元网格生成以后再定义几个单元集合，以便于后处理时取出单独分析，从而容易获得一些特定的物理量。定义方法如下：

MESH GENERATION

 SELECT

 ELEMENTS-STORE

  S1   （从键盘输入）

  Elements of S1   （在图形区内用 BOX 选取要定义为 S1 的单元集合所包含的单元）

　　　G（MR）

ELEMENTS-STORE

　S2（从键盘输入）

　　Elements of S2　　（在图形区内用 BOX 选取要定义为 S2 的单元集合所包含的单元）

　　G（MR）

　　　⋮

ELEMENTS-STORE

　S6（从键盘输入）

　　Elements of S6（在图形区内用 BOX 选取要定义为 S6 的单元集合所包含的单元）

　　G（MR）

可用上述方法在不同位置定义不同单元数的单元集合。

图 32-2 为所定义的相隔 9 个单元间距的 6 个单元集合，相当于定义了 6 个单元切片。

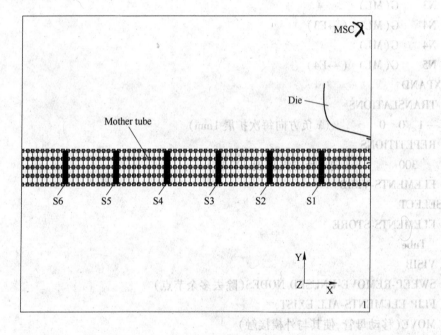

图 32-2　相隔 9 个单元间距的 6 个单元集合

　2. 材料性质定义

MATERIAL PROPERTIES

　READ

　　41Cr4

ELEMENTS-ADD

　VISIB　（1200 Elements）

　3. 接触定义

CONTACT BODIES

　NEW

　　NAME

```
      tube
WORKPIECE
ELEMENTS-ADD
  VISIB
NEW
    NAME
      Die
RIGID( velocity controlled )
FRICTION COEFFICIENT
  0. 1
  OK
CRVS-ADD(选择外模曲线)
NEW
  NAME
    Bar
RIGID( velocity controlled )
FRICTION COEFFICIENT
  0. 1
  OK
CRVS-ADD(选择内模曲线)
  VISIB
CONTACT TABLES
  NEW
  PROPERTIES
    TOUCHING
OK
```

4. 初始条件定义

```
INIYIAL CONDITIONS
  TEMPERATURE
    TEMPERATURE ON
      20   (室温20℃)
  OK
NODS-ADD
  VISIB
```

5. 边界条件定义

由于是纯力学分析，不考虑温度变化，即不考虑传热和变形热效应。故边界条件只有位移边界条件。为了使钢管在规定的速度下完成拔制变形，可以使钢管前端节点按规定的速度前进即可，这样处理不影响拔制变形过程的物理本质。

先定义一张位移-时间线性关系表格 Dis_x，并假定在 1 s 时间内钢管前端移动 1000mm。

```
BOUNDARY CONDITIONS
  NEW
```

NAME
　　Dis_x
FIXED DISPLACEMENT
DISPLACEMENT ON
　TABLE（TIME）
　　Dis_x
　　OK
　NODS-ADD
　　nodes　　　　　（用 BOX 选取钢管前端面指定的 5 个节点及紧靠前端外侧连续 2 个节点）
　G（MR）
　　若为热力耦合分析，还可以定义传热边界条件。
　　图 32-3 为定义位移边界条件的节点图。

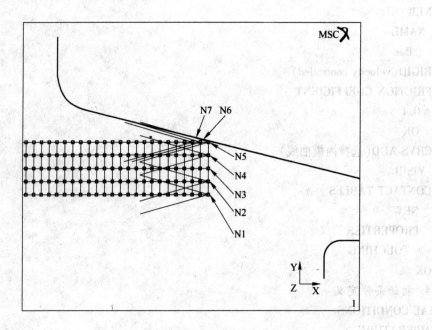

图 32-3　位移边界条件所施加的节点

（三）求解

1. 定义载荷工况
LOADCASES
　OTHER STAGES
　　QUASI-STATIC
　　　CONTACT TABLE
　　　　ctable1
　　　OK
　　　CONVERGENCE TESTING
　　　　RELATIVE
　　　　　DISPLACEMENTS

```
    TOTAL LOADCASE TIME
        0. 48
    #STEPS
        2000
    OK
2. 定义作业参数
JOBS
  SELECT LOADCASES
        lcase1
        OK
    icond1 （施加温度初始条件）
    Dis_x  （施加位移边界条件）
3. 提交作业
JOBS
    ADVANCED
      CONTACT CONTROL
        COMB
        ARCTANGENT
        RELATIVE VELOCITY THRESHOLD
            0. 1
        ADVANCES CONTACT CONTROL
        DISTANCE TOLORANCE
            0. 05
        DISTANCE TOLORANCE BIAS
            0. 9
        DOUBLE-SIDED
        OPTIMIZE CONTACT CONSTRAINED EQUATIONS
        SEPERATION CRITERION
        FORCE
            1
        INCREMENT- CURRENT
        CHANGING-ALLOWED
        CONTACT TABLE
            ctable1
            OK
            OK
  JOB RESULTS
    FREQUENCY
        10
        OK
    RESTART
```

　　　WRITE RESTART DATA

　　　MULTIPLE INC. PER FILE

　　INCREMENT NUMBER

　　　　100

　　　OK

　　OK

　　RUN

　　　SUBMIT（1）（程序开始运行，直到分析结束。正常结束时退出代码为 3004，即 EXIT
NUMBER 3004）

　　（四）后处理（只作部分分析）

　　打开结果文件，提取相关信息。

POSTPROCESSING

　　RESULTS

　　　OPEN DEFAULT

　　1. 拔后截面尺寸及壁厚变化

　　要获得钢管拔后尺寸，只需取出一个预先定义的集合，测量其坐标即可实现。如取出集合
S6，如图 32-4 所示。由于单元已发生变形，不能采用测量节点间距的方法来获取壁厚值。

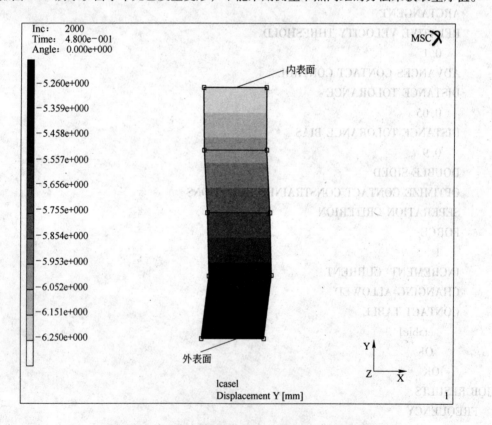

图 32-4　单元集合 S6 变形后的形状及径向位移云图

　　命令流如下：

POST FILE

SELECT
　　SELECT SET
　　　S6
　　　OK
　　MAKE VISIBLE
FILL　　（使 S6 充满图形区）

图 32-4 中的黑白深浅表示了径向位移沿壁厚的分布，节点均朝 y 的负方向移动了，且钢管外表面节点位移大于内表面节点位移，这表明钢管壁厚件薄了，据此可得出内外侧节点的位移差，即壁厚减薄量 $\Delta S = 1.032\text{mm}$。

2. 拔制力和芯棒轴向力

拔制力变化通过历史绘图（HISTORY PLOT）来表达，即横坐标为时间或增量步，纵坐标为拔制力。图 32-5 为拔制力和芯棒（轴向）力随时间的变化，可以看出最大拔制力为 529.2kN，而芯棒力为 119.3kN。

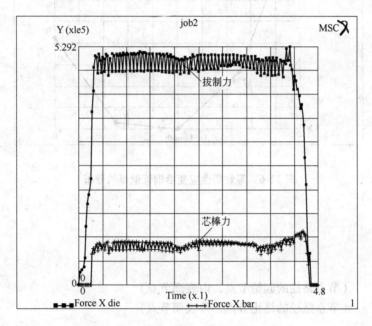

图 32-5　拔制力和芯棒力随时间的变化

命令流如下：
POST FILE
　HISTORY PLOT
　　COLLECT GLOBAL DATA
　　NODES/VARIABLES
　　　ADD GLOBAL CURVE
　　　TIME
　　FORCE X die（拔制力随时间的变化）
　　　ADD GLOBAL CURVE
　　　TIME
　　FORCE X bar（芯棒力随时间的变化）

FIT

3. 等效塑性应变沿壁厚的分布

要了解等效塑性应变沿钢管壁厚的分布。可采用路径绘图（PATH PLOT）的方式来实现，即选取一条径向节点路径，考察物理量沿这条路径的分布情况。对本问题，横坐标为节点路径，而纵坐标为各节点的等效塑性应变。图 32-6 为等效塑性应变沿壁厚的分布。

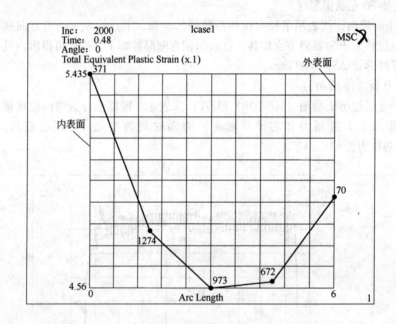

图 32-6　等效塑性应变沿钢管壁厚的分布

命令流如下：

POST FILE
  PATH PLOT
  NODE PATH
  N1　G(ML)　　　（节点路径的起始节点，内表面节点）
  N2　G(ML)　　　（节点路径的终止节点，外表面节点）
  G （MR）
  VARIABLES
    ADD CURVE
    ARC LENGTH
  TOTAL EQUIVALENT PLASTIC STRAIN
  FIT

4. 残余应力分布

拔制后钢管内的残余应力分布同样可用上面的方法获得，只是纵坐标不同而已，此略。图 32-7 为轴向残余应力 σ_x 沿钢管壁厚的分布。

六、实验报告要求

给出分析过程和计算步骤以及模拟计算结果和图形。

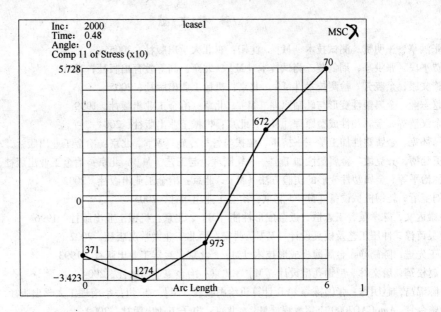

图 32-7　轴向残余应力 σ_x 沿钢管壁厚的分布

参 考 文 献

1　张洪亭，王明赞．测试技术［M］．沈阳：东北大学出版社，2005

2　贾平民，张洪亭，周剑英．测试技术［M］．北京：高等教育出版社，2001

3　施文康，余晓芳．检测技术［M］．北京：机械工业出版社，2005

4　赵志业．金属塑性变形与轧制原理［M］．北京：冶金工业出版社，1999

5　余汉清等．金属塑性成型原理［M］．北京：机械工业出版社，2004

6　马怀宪．金属塑性加工学——挤压、拉拔与管材冷轧［M］．北京：冶金工业出版社，2004

7　王廷溥，齐克敏．金属塑性加工学——轧制理论与工艺［M］．北京：冶金工业出版社，2004

8　林治平等．金属塑性变形的实验方法［M］．北京：冶金工业出版社，2002

9　刘宝珩．轧钢机械设备［M］．北京：冶金工业出版社，2005

10　梁丙文，陈孝戴，王志恒．钣金成形性能［M］．北京：机械工业出版社，1996

11　吴诗惇．冲压工艺及模具设计［M］．西安：西北工业大学出版社，2002

12　王先进，陈鹤峥．金属薄板成形技术［M］．北京：兵器工业出版社，1993

13　赵松筠，唐文林．型钢孔型设计［M］．北京：冶金工业出版社，2004

14　陈锦昌，赵明秀，张国栋等．VB 计算机绘图教程［M］．广州：华南理工大学出版社，2003

15　曾令宜．AutoCAD2000 应用教程［M］．北京：电子工业出版社，2000

16　黄毅宏，李明辉．模具制造工艺［M］．北京：机械工业出版社，2004

17　周雄辉，彭颖红．现代模具设计制造理论与技术［M］．上海：上海交通大学出版社，2000

18　杨节．轧制过程数学模型［M］．北京：冶金工业出版社，1993

19　丁修堃．轧制过程自动化［M］．北京：冶金工业出版社，2005

20　赵刚，杨永立．轧制过程的计算机控制过程［M］．北京：冶金工业出版社，2002

21　李志刚．模具 CAD/CAM［M］．北京：机械工业出版社，1997

22　华燧煜，文亮．基于 AutoCAD 的冷冲模 CAD 系统的开发与研究［J］．应用科技，2000，27（11）：12～13

23　孙海林，陆帅华，赵海峰．设计大师 AutoCAD 2002 高级使用篇［M］．北京：清华大学出版社，2002

24　陈红火．Marc 有限元实例分析教程［M］．北京：机械工业出版社，2002

25　梁清香，张根全．有限元与 MARC 实现［M］．北京：机械工业出版社，2003

26　MARC Analysis Research Corporation. Vol. A Release K7

27　马正元，韩启．冲压工艺与模具设计［M］．北京：机械工业出版社，1998

28　李硕本．冲压工艺学［M］．北京：机械工业出版社，1982

29　张毅．现代冲压技术［M］．北京：国防工业出版社，1994

30　侯义馨．冲压工艺与模具设计［M］．北京：兵器工业出版社，1994

31　涂光祺．冲模技术［M］．北京：机械工业出版社，2002

冶金工业出版社部分图书推荐

书　名	作　者	定价(元)
中国冶金百科全书·金属材料	编委会	229.00
合金相与相变(第2版)(本科教材)	肖纪美	37.00
金属学原理(第2版)(本科教材)	余永宁	160.00
金相实验技术(第2版)(本科教材)	王岚	32.00
物理化学(第4版)(本科教材)	王淑兰	45.00
冶金物理化学(本科教材)	张家芸	39.00
冶金物理化学研究方法(第4版)(本科教材)	王常珍	69.00
冶金与材料热力学(本科教材)	李文超	65.00
材料科学基础(本科教材)	王亚男	33.00
现代材料测试方法(本科教材)	李刚	30.00
工程材料与热处理	何人葵	31.00
金属学与热处理(本科教材)	陈慧芬	39.00
相图分析及应用(本科教材)	陈树江	20.00
耐火材料(第2版)(本科教材)	薛群虎	35.00
稀土金属材料	唐定骧	140.00
高纯金属材料	郭学益	69.00
硬质材料与工具	周书助	79.00
金属压力加工概论(第3版)	李生智	32.00
铁素体不锈钢	康喜范	79.00
材料现代测试技术(本科教材)	廖晓玲	45.00
金属材料学(第2版)(本科教材)	吴承建	52.00
金属压力加工原理及工艺实验教程(本科教材)	魏立群	26.00
土木工程材料(本科教材)	廖国胜	40.00
金属材料工程专业实验教程(本科教材)	那顺桑	22.00
无机非金属材料实验教程(本科教材)	葛山	33.00
钢铁冶金原燃料及辅助材料(本科教材)	储满生	59.00
特种冶炼与金属功能材料(本科教材)	崔雅茹	20.00
冶金工程实验技术(本科教材)	陈伟庆	39.00
金属材料工程实习实训教程(本科教材)	范培耕	33.00
机械工程材料(本科教材)	王廷和	22.00
工程材料及热处理(高职高专)	孙刚	29.00
金属热处理生产技术(高职高专)	张文莉	35.00
钢材精整检验与处理(高职高专)	黄聪玲	34.00